教科書から
最新 IT 用語まで！

共テ対策
一問一答

情報Ⅰ用語集 500

須田 泰大 著
濵口 拡輝 編

重要用語が一目でわかる

完全網羅

CQ出版社

はじめに

2025 年 1 月 大学入学共通テストにて、初めて「情報Ⅰ」が試験科目として扱われることになりました。インターネットの発達、スマートフォンの普及、生成系 AI の登場など、21 世紀に入ってからの情報技術の発展は目ざましく、「今日の常識は明日の非常識」と揶揄されるほど、目まぐるしく世界が移り変わる時代です。そのような世界を生きていく中で、「情報」という教科を学習することが重要視されていることは言うまでもありません。

今回この本を出版した一番の理由は、ほとんどの高校で 1 年次にたった週 2 回しかない「情報Ⅰ」の授業に求められている多くのポイントを、生徒自身が主体的にこの本に取り組むことで「できた！」「わかった！」と感じられるようにしたいと思ったからです。

- **共通テストに向けて「情報Ⅰ」で勉強したことを最低限の時間で効率よく復習したい！**
- **学校の授業では教科書が終わらなかったけど、重要語句だけは確認しておきたい！**
- **情報技術を使う仕事に就きたい（就いている）けど IT 用語が全然わからない！**

そんなたくさんの声に答えられるように、「情報Ⅰ」における重要語句を約 500 用語選出し、各用語に対して語源・例題・解説を用意しました。本書への取り組み方は次のような形が良いかと思われます。

Step1　見開きの左側ページ「用語と意味」欄について、最初から最後まで目を通す。

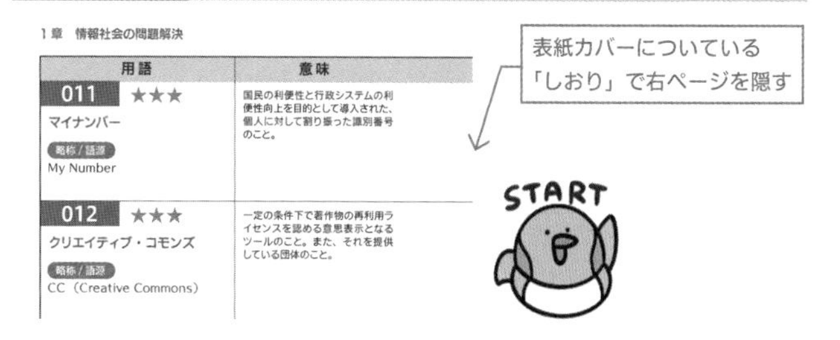

Step2　左側ページを視界に入れつつ、しおりを使いながら右側ページ例題に挑戦する。

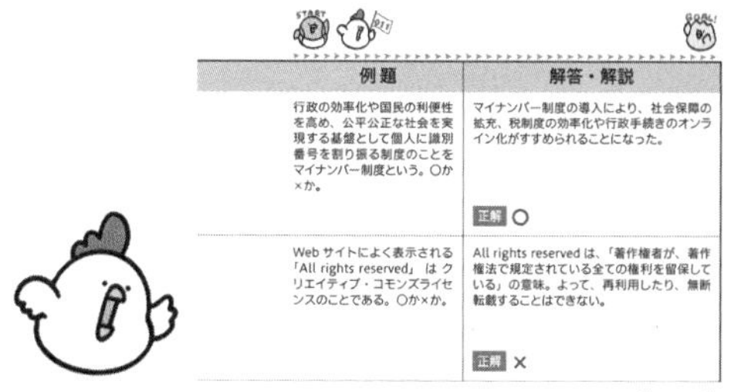

Step3　左側ページを見ずに、右側ページの例題に挑戦する。

　情報Ⅰは現代社会においてますます重要性を増している科目であり、その理解と習得は将来の学業や職業において大きな強みとなることでしょう。学習のプロセスは一筋縄ではいかないものですが、その中で用語の理解は基盤となる要素の一つです。この用語集が皆さんの学習の助けになり、共通テストの点数アップだけでなく、次の時代を歩んでいくための「生きる力」となることを願っております。

須田 泰大

1章の用語一覧

個人情報
基本四情報
個人識別符号
個人情報保護法
モラルとマナー
不正アクセス禁止法
プライバシー
情報セキュリティポリシー
プライバシーマーク
要配慮個人情報
マイナンバー
クリエイティブ・コモンズ
知的財産権
著作権
著作者
同一性保持権
肖像権
特許権
意匠権
産業財産権
著作者人格権
パブリックドメイン
公表権
氏名表示権
共同著作物
実用新案権
商標権
著作隣接権
パブリシティ権
方式主義
無方式主義
プロバイダ責任制限法
PDCA サイクル
サイバー犯罪
ソーシャルエンジニアリング
フィッシング詐欺
フェイクニュース
複製性
ワンクリック詐欺
ソーシャルクラッキング
電子決済
電子マネー
エスクローサービス
BtoB
BtoC
CtoC
ステークホルダー
EC サイト
e- コマース
POS システム
SNS
情報社会
テクノ不安症
デジタルデバイド
ネット依存
テレワーク
Society 5.0
キャッシュレス社会
情報バリアフリー
ステルスマーケティング
フィンテック
残存性
伝播性
コンピュータウイルス
マルウェア
トロイの木馬
ランサムウェア
ワーム
スパイウェア
認証
生体認証
電子証明書
鍵
共通鍵暗号方式
公開鍵暗号方式
電子署名
電子認証
ユーザ ID
パスワード
セッション鍵方式
RSA 暗号方式
秘密鍵
SMS 認証
暗号化
セキュリティパッチ
セキュリティホール
ハッシュ値
平文
復号
DoS 攻撃
FIDO 認証
アドウェア
ウィルス定義ファイル
キーロガー
クラッカー
シーザー・ローテーション
パターンファイル
ハッカー
ボット
情報システム
情報の機密性
情報の可用性
情報の完全性
情報の個別性
情報の目的性
信憑性

情報社会の問題解決

デジタルデバイド

用語	意味
001 ★★★ 個人情報 略称／語源	生存する個人に関する情報で、氏名、生年月日、住所、顔写真などにより特定の個人を識別できる情報のこと。生年月日や電話番号は、単体では個人を識別できないが、氏名などと組み合わせることで、特定の個人を識別できるため、個人情報に該当する場合がある。
002 ★☆☆ 基本四情報 略称／語源	氏名、住所、生年月日、性別といった個人情報の基本となる4項目の情報のこと。
003 ★☆☆ 個人識別符号 略称／語源	パスポート番号やマイナンバーカードなど、番号から個人を識別できるような符号のこと。これらは番号だけであっても個人情報として扱われる。
004 ★★★ 個人情報保護法 略称／語源 Act on the Protection of Personal Information	個人情報の有用性に配慮しつつ、個人の権利や利益を保護することを目的とした個人情報取扱事業者の義務などを規定した法律のこと。
005 ★★★ モラルとマナー 略称／語源 Morals Manners	インターネット上で情報を発信するときに最も大事にするべきこと。 ネットワークの向こうにいる情報の受信者や送信者は同じ人間であることを意識して、それらの情報がどのように作用するかを考えて行動する必要がある。

例題	解答・解説
パスポート番号や運転免許証、マイナンバーは個人情報である。〇か×か。	個人に割り振られる公的な番号、個人の身体データ（顔や指紋、声紋）、特定の個人を識別できるもの（生年月日や住所）は個人情報である。 正解 〇
住民基本台帳ネットワークシステムでは、自治体間で住民票コードや基本四情報等のデータのやり取りを行っている。〇か×か。	自治体によって異なっていたフォーマットが、このシステムによって統一され、マイナンバー制度を導入する基盤となった。 正解 〇
携帯電話番号やクレジットカード番号は、その情報から個人を識別できるため個人識別符号といえる。〇か×か。	これらの番号は会社により様々な運用形態があることから、個人識別符号とはならない。 正解 ×
学校のPTA活動のために、生徒の名簿をPTAに渡す場合、保護者の同意が必要である。〇か×か。	PTAであっても、生徒の名簿を渡すことはない。なお、入学時に特記事項などで事前承諾を得ている場合は別となる。 正解 〇
SNS上で迷惑行為を自慢している投稿を見かけたので、悪い行動を正すために拡散した。この行為は、正義感によるものであるから正しい。〇か×か。	迷惑行為は確かによくないが、SNS上にある情報がデマやフェイクの可能性もある。直接見たり会ったりしたこともない人の行為を拡散させることは、トラブルにつながる恐れがある。閲覧者としてのモラルとマナー意識が大切である。 正解 ×

用語	意味
006 ★★★ 不正アクセス禁止法 略称／語源	サイバー犯罪の1つで、他人のユーザID、パスワードなどを無断で利用して他人のアカウントに不正にログインする行為を禁止する法律のこと。
007 ★★★ プライバシー 略称／語源 Privacy	個人や家庭内の私事・私生活など他人に知られたくない個人の秘密に対して他人から干渉されない権利のこと。
008 ★★☆ 情報セキュリティポリシー 略称／語源 Information Security Policy	学校や企業において個人情報などの情報資産を安全に取り扱うための方針で、「基本方針」「対策基準」「実施手順」の3つから構成される。
009 ★★☆ プライバシーマーク 略称／語源 Privacy Mark	個人情報保護の取り扱いを適切に行っている事業者に対して与えられるマークのこと。
010 ★★☆ 要配慮個人情報 略称／語源	個人情報のうち、本人に対する不当な差別や偏見などの不利益が生じないように取扱いに注意を行うべき情報のこと。

例題	解答・解説
他人のIDやパスワードを不正に取得しても、実際にそれを利用してアクセスをすることがなければ不正アクセス禁止法違反にはならない。○か×か。	ID、パスワードを不正に取得した時点で違反となる。 正解 ×
学校がWebページなどで公開している、個人情報の取り扱いについての方針のことを「プライバシーポリシー」という。○か×か。	個人情報保護方針のことである。個人情報保護法によって定められた利用目的の明示を履行することができる。 正解 ○
情報セキュリティポリシーにおける「基本方針」は、事故が発生したときに学校や企業が取るべき対応を記したマニュアルのようなものである。○か×か。	「基本方針」ではなく「実施手順」に定める。 正解 ×
プライバシーマークによって管理の対象となっている項目は、「個人情報」である。○か×か。	プライバシーマークはロゴの部分と登録番号をセットで表示しなければならない。 たいせつにしますプライバシー 10123456(01) 正解 ○
次のうち要配慮個人情報に該当するものを選べ。「国籍」「出身地」「学歴」「病歴」	人種は該当するが、国籍は該当しないことが個人情報保護ガイドラインに定められている。要配慮個人情報を取得するときには、本人の同意を得ることが義務付けられている。 個人情報保護委員会 正解 病歴

用語	意味
011 ★★★ マイナンバー 略称 / 語源 My Number	国民の利便性と行政システムの利便性向上を目的として導入された、個人に対して割り振った識別番号のこと。
012 ★★★ クリエイティブ・コモンズ 略称 / 語源 CC（Creative Commons）	一定の条件下で著作物の再利用ライセンスを認める意思表示となるツールのこと。また、それを提供している団体のこと。
013 ★★★ 知的財産権 略称 / 語源 Intellectual Property Rights	人間による知的活動によって生み出された知的財産について、その創作者に与えられる権利のこと。
014 ★★★ 著作権 略称 / 語源 Copyright	財産的な利益を保護する権利のこと。日本では著作者の死後 70 年を過ぎるまで保護される。
015 ★★★ 著作者 略称 / 語源 Author	著作物を創作した人のこと。著作者の権利としては、著作者人格権と財産的な利益を保護する著作権（財産権）の二つがある。

例題	解答・解説
行政の効率化や国民の利便性を高め、公平公正な社会を実現する基盤として個人に識別番号を割り振る制度のことをマイナンバー制度という。○か×か。	マイナンバー制度の導入により、社会保障の拡充、税制度の効率化や行政手続きのオンライン化がすすめられることになった。 正解 ○
Web サイトによく表示される「All rights reserved」はクリエイティブ・コモンズライセンスのことである。○か×か。	All rights reserved は、「著作権者が、著作権法で規定されている全ての権利を留保している」の意味。よって、再利用したり、無断転載することはできない。 正解 ×
知的財産権は「産業財産権」「著作権」などの総称であり、発明やデザイン、著作物に加えて、商標などを保護する権利である。○か×か。	知的財産権の下には著作権 / 産業財産権（工業所有権）/ その他がある。 産業財産権の下には特許権 / 実用新案権 / 意匠権 / 商標権がある。 正解 ○
75 年前に作曲された曲は著作権による保護期間が終了しているので、無断で編曲して演奏会などで発表してもよい。○か×か。	作曲家の死後 70 年間保護されるため、作者の死後 70 年間経過しているかで判断する必要がある。死後 75 年経過していれば、原則として編曲は可能であるが、遺族などに著作権が譲渡されている可能性があるため、よく確認したほうがよい。 正解 ×
著作権は作品の財産的な価値を保護する目的であるから、その作品に財産的な価値がない場合には著作者に対して著作権は与えられない。○か×か。	著作権は作品の出来栄えに関係なく与えられる。大人や子ども、プロやアマチュアなどによって権利に差ができることはない。 正解 ×

用語	意味
016 ★★★ **同一性保持権** 略称／語源 Right to Maintain Integrity	著作物の内容や題号（タイトル）などの同一性を保護する権利のこと。著作者人格権の１つに含まれている。
017 ★★★ **肖像権** 略称／語源	他人から無断で写真を撮影されたり、撮られた写真を勝手に公表されたり、利用されたりしない権利のこと。
018 ★★★ **特許権** 略称／語源 Patent Rights	産業財産権の１つで、特許を受けた発明を一定期間独占的に利用できる権利のこと。
019 ★★☆ **意匠権** 略称／語源 Design Right	物品の形状や模様、色彩などの意匠（デザイン）を保護する知的財産権のこと。
020 ★★☆ **産業財産権** 略称／語源 Industrial Property Rights	特許権、実用新案権、意匠権、商標権の総称で、知的財産権のうちの1つ。新しい発明やデザインなどを一定期間保護する権利のこと。

例題	解答・解説
とある出版物について電子書籍化したときに、作者の意志に反して出版社によってタイトルを勝手に変更された場合は「同一性保持権」の侵害となる。○か×か。	同一性保持権として正しい。タイトルだけでなく、当然中身も勝手に変更することはできない。 正解 ○
誰もが通る公共の場所で撮影した写真で、ただ歩いていた人が映り込んだ場合は肖像権の侵害は認められにくいから特に配慮をしなくてもよい。○か×か。	SNSなどにアップロードする場合は、トラブルなどを避けるため可能な限りモザイクをするなどして映り込んだ人の個人情報に配慮した対応が必要である。なお、公共の場所での映り込みには、肖像権が認められないケースが多い。 正解 ×
偶然にも同じタイミングで似たような発明が行われた場合、特許権は両方に認められる。○か×か。	特許権は発明を独占できる権利であるので、両方に認められることはない。特許庁に申請したタイミングが早かったほうが認められる。 正解 ×
意匠権は著作権のうちの1つで、芸術作品等のデザインを保護することを目的としている。○か×か。	意匠権は著作権の1つではない。意匠権は工業製品のデザインを保護対象としており、産業財産権に属している。 正解 ×
産業財産権は、著作権と同じく製品が完成した時点で権利が発生する無方式主義である。○か×か。	産業財産権は、特許庁に届け出て初めて権利が認められる方式主義がとられている。 正解 ×

用語	意味
021 ★★☆ **著作者人格権** 略称 / 語源 Moral Rights	著作者の人格的な利益を保護する権利のこと。公表権、氏名表示権、同一性保持権などがある。
022 ★★☆ **パブリックドメイン** 略称 / 語源 Public Domain	著作物や発明などの知的創作物について、知的財産権が発生していない状態、または消滅した状態のこと。
023 ★★☆ **公表権** 略称 / 語源 Right to Make a Work Public	未公表の著作物を公衆に提供、または提示する権利のこと。著作者人格権のうちの１つである。
024 ★★☆ **氏名表示権** 略称 / 語源 Right of Attribution	著作物を公表する際に、著作者名を表示するかどうか、表示するとすれば実名にするかペンネーム等の変名にするかを決定できる権利のこと。著作者人格権のうちの１つである。
025 ★☆☆ **共同著作物** 略称 / 語源 Work of Joint Authorship	２人以上の人物が共同して創作した著作物のことで、各人の寄与を分離して個別利用ができないもの。

例題	解答・解説
著作権と同様に、著作者人格権は譲渡したり相続することで遺族もその権利を有することができる。○か×か。	著作者人格権は、創作者固有の権利であるから譲渡することはできない。 正解 ×
インターネット上に存在するフリー素材はパブリックドメインであるから、用途に限らず自由に使ってよい。○か×か。	フリー素材はパブリックドメインと異なり著作権が完全に消失しているわけではない可能性がある。非営利目的でも問題になることがある。 正解 ×
公表権を有している未発表の著作物に対して、著作者名を表示するかしないか、する場合は実名か変名かを決めることができる。○か×か。	氏名表示権のことである。同じ著作者人格権であるが、公表権は公表の時期と方法を決めることができるもので、氏名の表示については別の権利である。 正解 ×
未発表の著作物に対して、著作者名を表示させないことを決定するために必要な著作権のことを氏名表示権という。○か×か。	表示させないだけでなく、表示される場合は実名、変名なども選択することができる。 正解 ○
共同著作物を公表するためには、共同著作権を有している人物、全員の許諾が必要である。○か×か。	複製や公表などは全員の許諾が必要であるが、著作権侵害への対応には一人で差し止め請求などの対応を行うことができる。 正解 ○

用語	意味
026 ★☆☆ 実用新案権 略称 / 語源 Utility Model Rights	物品の実用性を高めるアイディアを保護する権利のこと。物品の実用性を高めるには、形状や構造、さらには物品の組み合わせなどの方法が考えられる。
027 ★☆☆ 商標権 略称 / 語源	商品・サービスについて使用するマークを独占的に使用することができる権利のこと。
028 ★☆☆ 著作隣接権 略称 / 語源	著作物を創作した人ではないが、その伝達に大きな役割を果たしている人に発生する権利のこと。実演家、レコード会社、放送事業者などがこれにあたる。
029 ★★☆ パブリシティ権 略称 / 語源 Publicity Rights	有名人には顧客誘引力があることから、著名な人の名前や肖像を商品化したり宣伝に利用してもよい権利のこと。芸能人の場合、多くは芸能事務所がパブリシティ権を管理している。
030 ★★☆ 方式主義 略称 / 語源	権利の発生要件において、何らかの登録や申請などを必要とする方式のこと。

例題	解答・解説
野球で効率よくホームランを打つ方法を考えた。これは実用新案権が取れる。○か×か。	方法や美術品では、実用新案権は取れない。実用新案権の事例としてシャチハタ印や消しゴム付きの鉛筆がある。 正解 ×
商標権は産業財産権のうちの1つであり、登録から10年有効である。また、その登録を更新することも可能である。○か×か。	商標権のマークには、時間とともに変化するロゴや立体的形状、色彩、音なども含まれて保護される。 正解 ○
著作隣接権は、実演による行為が行われた瞬間に発生する権利であることから著作権と同様に届け出などが必要なものではない。○か×か。	著作権と同様に、放送などを行った瞬間に自動的に権利が発生する。 正解 ○
自社製品の販売促進のため国民的俳優の写真をパッケージに無断で掲載した場合、著作権の侵害となる。○か×か。	掲載された人物が国民的俳優の場合、パブリシティ権の侵害となる。パブリシティ権は肖像権に含まれる。巻末のパブリシティ権を参照。 正解 ×
著作権は方式主義に基づいているので、国に申請を行うことで権利を有することができる。○か×か。	著作権は無方式主義であり、申請や登録などを必要とせず創作された時点で著作権が発生する。 正解 ×

用語	意味
031 ★★☆ 無方式主義 略称 / 語源	著作権などにおいて、届け出や申請などを必要とせず、自然発生的に権利が発生すること。
032 ★★★ プロバイダ責任制限法 略称 / 語源 Provider Liability Limitation Act	インターネット上での権利侵害に対して、サービスを提供するプロバイダ側が被害者側などに対して情報を開示するなどの責任を明確にするための法律のこと。
033 ★★☆ PDCA サイクル 略称 / 語源 Plan Do Check Action	業務改善や品質管理のため、計画→実行→評価→改善の 4 つのプロセスをサイクルで繰り返すこと。
034 ★★☆ サイバー犯罪 略称 / 語源 Cyber-Crime	不正アクセス、オークション詐欺、なりすまし詐欺などのコンピュータやネットワークを悪用した犯罪のこと。
035 ★★☆ ソーシャルエンジニアリング 略称 / 語源 Social Engineering	情報機器やソフトウェアを用いるのではなく、会話を盗み聞きしたり、入力画面を覗き込むなどの直接的な方法で機密情報を入手してコンピュータ等を不正に利用すること。

例題	解答・解説
新しく発明した産業の発達に寄与する技術的なアイディアは、著作権によって保護されるため無方式主義であり申請や登録などは必要ない。○か×か。	発明した産業に寄与する技術的なアイディアは、特許庁などへの申請が必要であり、方式主義に基づく特許権の範囲である。特許権と著作権の違いをよく理解しておきたい。 正解 ×
プロバイダ責任制限法は、プロバイダに対して特定の情報に対する削除を義務付ける法律である。○か×か。	プロバイダ責任制限法の主な目的は、誹謗中傷などの投稿に対して、被害者の救済策を整備することにある。被害者が誹謗中傷の削除依頼と投稿者の開示請求を行うとする。それにプロバイダが従う際に、プロバイダが投稿者に対する損害賠償責任を免れるための法律。 正解 ×
計画、実行、評価、改善を繰り返すことで業務改善を実現する方法を PDCA サイクルという。○か×か。	似たような言葉として、現代社会のように刻一刻と変化する環境での意思決定の方法として、OODA（Observe-Orient-Decide-Act）ループというものも注目されている。 正解 ○
サイバー犯罪は、大きく分けて「不正アクセス禁止法違反」「コンピュータ・電磁的記録対象犯罪」「ネットワーク利用犯罪」の３種類に分類される。○か×か。	サイバー犯罪の件数は、近年増加傾向にあり、国や地方公共団体による対策だけでなく個人のサイバー犯罪への意識の強化などが求められている。 正解 ○
ソーシャルエンジニアリングとは、ネットワークにログインするパスワードなどを、情報通信技術を使用せずに盗み出す方法である。○か×か。	管理者になりすまして、利用者に電話をかけてパスワードを確認したりする例がある。肩越しにキー入力を見るショルダーハッキングやゴミ箱をあさるトラッシングといった手段もある。 正解 ○

用語	意味
036 ★★☆ フィッシング詐欺 略称 / 語源 Phishing	送信者を偽ってメールを送り、添付されている偽サイトを通じてパスワードなどの個人情報を盗み取ること。
037 ★★☆ フェイクニュース 略称 / 語源 Fakenews	Web サイトや SNS などで事実と異なる偽の情報やニュースがあたかも本当に起こったかのように広まってしまうこと。虚偽報道ともいう。
038 ★★☆ 複製性 略称 / 語源 Reproducibility	情報が比較的簡単にコピーされやすい性質のこと。デジタル化されたものは、劣化せずに短時間で大量に複製できる。
039 ★★☆ ワンクリック詐欺 略称 / 語源	Web サイトや画像を一度クリックしただけで、料金請求画面を表示させたり振り込みを行うように促すような詐欺のこと。
040 ★☆☆ ソーシャルクラッキング 略称 / 語源 Social Cracking	情報機器やソフトウェアを用いるのではなく、人間の心理につけこんだり、行動のミスにつけこんで相手の機密情報を入手してコンピュータ等を不正に利用すること。ソーシャルエンジニアリングの 1 つである。

例題	解答・解説
利用者に気づかれないようにコンピュータに侵入し、ファイルやデータを外部に流出させることをフィッシング詐欺という。〇か×か。	フィッシング詐欺は、ファイルやデータを流出させるのではなくメールの URL 等から偽サイトに誘導してパスワード等を盗み取るものである。 正解 ×
現代社会では、虚偽の情報から作られたニュースがまん延し、誤った情報が拡散する事例が多々ある。このようなニュースをフェイクニュースという。〇か×か。	フェイクニュースにより選挙活動などへの影響が出た事例もあった。近年では SNS やニュースサイトなどで、特定の情報に対してユーザ側からの意見をつけられるコメント欄やダッシュボードなどの機能で、多数の目線から情報を判断するケースが増えてきている。 正解 〇
情報の複製性に対応するため、著作権保護や不正な複製防止を目的として DVD やブルーレイに設定されているコピーガード技術を CPRM という。〇か×か。	CPRM（Content Protection for Recordable Media）は、コピー回数が制限される技術である。一方で、映像をコピーする手法は多々あるため、CPRM がかかっているからといって、完璧に複製性に対応できるわけではない。 正解 〇
リンクを開いた先が偽の Web サイトであり、そこで ID、パスワードを入力をさせることで情報を盗もうとする詐欺のことをワンクリック詐欺という。〇か×か。	フィッシング詐欺のことである。ワンクリック詐欺は、請求画面や振り込みを促すようなサイトへ誘導されることである。 正解 ×
電子機器を用いて、相手のコンピュータをハッキングするなどして機密情報を盗み出すことをソーシャルクラッキングという。〇か×か。	ソーシャルクラッキングは、電子機器を使わずに直接的に個人情報などを盗み出すことであるので、電子機器を用いている場合は単なるクラッキングである。 正解 ×

用語	意味
041 ★★★ **電子決済** 略称 / 語源	現金を用いることなく、電子マネーやスマートフォンなどを用いて電子的データの送受信を行うことで決済をする仕組みのこと。
042 ★★★ **電子マネー** 略称 / 語源 E-money	現金の代わりとなる貨幣価値を電子的なデータで表現したもの。
043 ★☆☆ **エスクローサービス** 略称 / 語源 Escrow Service	安全な売買契約を行うために第三者を仲介させて取引を行う手法のこと。エスクロー決済ともいう。
044 ★★★ **BtoB** 略称 / 語源 Business to Business	企業が企業に対して、商品やサービスを提供すること。
045 ★★★ **BtoC** 略称 / 語源 Business to Consumer	企業が個人に対して、商品やサービスを提供すること。

例題	解答・解説
現金を使わずに紙の商品券を用いて決済を行った場合、現金を用いていないことから電子決済といえる。○か×か。	この場合はキャッシュレス決済に該当するが、紙の商品券では電子決済とは言えない。 正解 ×
電子マネーには、カードに専用の IC チップが組み込まれていることが多く、買い物データなどを記録して購買データの分析などに役立てられている。○か×か。	電子マネーは、支払いの方法によって大きく 2 つに分類される。事前にチャージをするプリペイド型とクレジットカードなどで後払いするポストペイ型がある。 正解 ○
電子商取引において、売り手 / 買い手の間に信頼のおける第三者が介在することで、取引の安全性を高めることをエスクローという。○か×か。	近年 EC サイトなどで互いに顔が見えない中で取引が増えているため、多くの電子商取引の中で利用されるケースが増えてきている。 正解 ○
BtoB は、BtoC と比較して、購入決定までの意志決定やプロセスが長くなる傾向にある。○か×か。	企業は個人と比較して、複数人が関わる組織であるから、意思決定に時間がかかる。一方で、購買時の関与者も多いため、購入単価も高くなる傾向がある。 正解 ○
BtoC は、BtoB と比較して、商品の質だけでなく知名度や広告による影響を受けやすい。○か×か。	近年では Amazon や楽天市場などの EC サイトが急速に成長を遂げている。 正解 

用語	意味
046 ★★★ **CtoC** 略称／語源 Consumer to Consumer	個人が個人に対して、商品やサービスを提供すること。
047 ★★☆ **ステークホルダー** 略称／語源 Stakeholders	企業が活動を行うときに影響を受ける利害関係者のこと。
048 ★★☆ **EC サイト** 略称／語源 Electronic Commerce site	自社の製品やサービスをインターネット上で販売するためのウェブサイトのこと。
049 ★★☆ **e- コマース** 略称／語源 Electronic Commerce System	ネットワーク上での契約や決済をするような商取引のこと。電子商取引システムともいう。
050 ★★★ **POS システム** 略称／語源 Point of Sales	販売した商品の価格や売り上げをデータ化して管理するシステムのこと。

例題	解答・解説
CtoC は、BtoC と比較して、誰でも簡単に売買ができるため、市場規模が大きい。〇か×か。	組織として製造や販売などの業務を効率化をすることは難しいため、市場規模は小さい。近年では、ヤフオクやメルカリなどのフリマサイトの市場規模が拡大してきている。 正解 ×
システム開発に関するプロジェクトについて、プロジェクトチームのメンバーはステークホルダーにあたらない。〇か×か。	ステークホルダーは利害関係者全体を指すので、プロジェクトメンバーはステークホルダーにあたる。 正解 ×
EC サイトの 1 つであるオークションサイトでの取引は、「BtoC」の形態になることがほとんどである。〇か×か。	最近は企業による出品も増えてきていることから「BtoC」の形態になることもあるが、オークションサイトの大半は「CtoC」の形態で電子商取引を行う。 正解 ×
e- コマースによって、Web 上で商取引を行っているサイトをE Cサイトという。〇か×か。	e- コマースの取引形態は、BtoB、BtoC、CtoC の大きく 3 つに分類される。コンビニで交通系カードを使って精算する行為は該当しない。 正解 〇
販売情報や在庫管理、売上のデータ分析のために、商品販売の様々な情報をシステムとして管理するものを POS システムという。〇か×か。	POS システムはコンビニやスーパーマーケットなど、現代社会のいたるところで使われている。 正解 〇

用語	意味
051 ★★★ SNS 略称 / 語源 Social Networking Service	インターネット上で、ユーザー同士が交流できるような場所を提供するサービスのこと。
052 ★★★ 情報社会 略称 / 語源 Information Society	具体物や資本などに変わって知識や情報に価値が見いだされ、情報の伝達、活用や処理などが社会の中心となり発展していく社会のこと。
053 ★☆☆ テクノ不安症 略称 / 語源	仕事や学校などでコンピュータを活用する際に、その利用方法に適応できず不安を感じてしまうこと。
054 ★★★ デジタルデバイド 略称 / 語源 Digital Divide	インターネットやコンピュータを使える人と使えない人の間にある格差のこと。情報格差ともいう。
055 ★★★ ネット依存 略称 / 語源	インターネット上のコンテンツに夢中になりすぎて、日常生活に支障をきたしている状態のこと。

例題	解答・解説
SNSの信憑性は、共有された閲覧数やイイネなどの共感を示す数値などを参考に評価することができる。○か×か。	発信された情報の信憑性を閲覧数や共感数で判断することは危険である。利点としては、災害時に電話回線等より混雑せず、貴重な情報伝達手段になった。災害に関するデマが拡散されることもあるので、SNSから発信される情報は、よく吟味する必要がある。 **正解** ×
現代社会はデジタル化に伴い急速に発展している。この情報社会のことをSociety5.0という。○か×か。	Society5.0は、サイバー空間とフィジカル空間の融合であり、現代社会におけるデジタル化はSociety4.0の段階である。 **正解** ×
仕事や学習だけでなく、様々な場面で必要もないのに情報機器を操作してしまったり、そればかり見ていないと不安になってしまうことをテクノ不安症という。○か×か。	この場合はテクノ依存症が適切である。テクノ不安症は、操作ができないことへの不安を感じる場合を表す。 **正解** ×
デジタルデバイドの解消に向けて、製品や食料品の製造流通段階においてICタグなどをつけて製品の一連の流れを管理することが大切である。○か×か。	問いはトレーサビリティの向上についての話になっている。デジタルデバイドは情報格差であるから、情報通信機器の使いやすさを向上させたり、社会全体で誰もが使えるような環境構築をすることが解決につながる。 **正解** ×
ネット依存に陥ることで生活に様々な悪影響を及ぼすことから、バランスの良いインターネットコンテンツの利用を心がけるべきである。○か×か。	スマートフォン等に夢中になり、生活習慣だけでなく、歩きスマホなどで事故に巻き込まれることもあるので、注意が必要である。 **正解** ○

用語	意味
056 ★★☆ **テレワーク** 略称／語源 Telework	情報通信技術を用いて、時間や場所を有効に活用できる柔軟な働き方のこと。
057 ★☆☆ **Society 5.0** 略称／語源	サイバー空間（仮想空間）とフィジカル空間（現実空間）を高度に融合させた社会のこと。超スマート社会ともいう。
058 ★☆☆ **キャッシュレス社会** 略称／語源 Cashless Society	電子決済（キャッシュレス決済）が拡大して、貨幣や紙幣を使わない会計処理が行われる社会のこと。
059 ★☆☆ **情報バリアフリー** 略称／語源 Information Barrier-Free	情報社会の発展に伴う、高齢者や障がい者などが情報を送受信する際の障壁（バリア）を解消すること。
060 ★☆☆ **ステルスマーケティング** 略称／語源 Stealth Marketing	ブログや口コミ、評価サイトなどで、消費者に対して宣伝だと気づかれないように商業的な宣伝を行うこと。

例題	解答・解説
電話を用いて業務を円滑に進めることをテレワークという。○か×か。	情報通信技術を用いて、遠隔地や自宅などで効果的に働くことがテレワークであり、電話を利用することは関係がない。 正解 ×
仮想空間と現実空間が融合した超スマート社会のことで、年齢や性別に関係なく人々に対してサービスが過不足なく提供されることを実現していく社会のことを何というか。	IoT などを通して、すべての人とモノがつながることによって、今までにない新たな知識やサービスが展開され、多くの社会問題が解決に向かっていく社会作りを目指している。 正解 Society 5.0
キャッシュレス社会が進んだ背景には、スマートフォンの普及に伴い電子マネーや QR コード決済サービスが普及したことが影響している。○か×か。	インターネットバンキングの普及により、銀行に行かなくとも振り込みや残高照会ができるようになったことも背景にある。 正解 ○
情報を活用する能力や環境の差によって、待遇や収入などの格差が生じることを「情報バリアフリー」という。○か×か。	デジタルデバイド（情報格差）のことである。 正解 ×
ショッピングサイトなどで自社で生産している商品に対して、使い心地の良さを消費者のような観点から書いて宣伝しようとする行為をステルスマーケティングという。○か×か。	インターネット上では、ステルスマーケティングを略して「ステマ」ということが多い。 正解 

用語	意味
061 ★☆☆ **フィンテック** 略称／語源 Fintech	金融（Finance）と技術（Technology）を合わせた造語であり、金融サービスと情報テクノロジーの結びつきによって生み出される革新的な動きのこと。
062 ★★☆ **残存性** 略称／語源 Survivability	一度流出した情報は人の記憶から消えてもコンピュータ等に保存すれば残ってしまうように、情報が消えずに残ってしまうこと。
063 ★★☆ **伝播性** 略称／語源 Transmissibility	情報が人から人へと容易に伝播して、広まっていく特性を持つということ。
064 ★★★ **コンピュータウイルス** 略称／語源 Computer Virus	ネットワークやUSBメモリなどから不正にコンピュータやスマートフォンに侵入し、ファイルの破壊など行う悪質なプログラムの1つ。
065 ★★★ **マルウェア** 略称／語源 Malware	コンピュータやその利用者に対して被害をもたらす悪意のあるソフトウェアの総称。コンピュータウイルスはその一種。

例題	解答・解説
フィンテックの例として、証券会社の顧客が株式売買などを行うときに顧客に最適なプランを提案したり、自動で資産運用を行ったりするような AI によるサービスを提供することがあげられる。〇か×か。	あくまで金融サービスと技術の融合であるので、金融サービスと無関係のものは、フィンテックとはならないので注意しておきたい。 正解 〇
デジタルタトゥーのように、拡散された情報が複製を繰り返し半永久的に残ってしまう性質を残存性という。〇か×か。	拡散されたかどうかだけでなく、一度作成した情報は、メモの形などで流出する危険性もあるため、どのような情報にも残存性があることを注意する必要がある。 正解 〇
伝播性の主要因にもなっている不特定多数の大衆への情報伝達を行う情報メディアのことを「マスメディア」という。〇か×か。	最近では、放送局や新聞社などのマスメディアだけでなく、インターネットの発達により個人からも世界中に即座に情報を発信できるようになった。 正解 〇
暗号化された電子メールはすでにコンピュータウイルス対策がなされた状態になっている。〇か×か。	暗号化とウイルス対策は別物である。暗号化された電子メールに、ウイルスに感染したファイルが添付されている可能性もある。 正解 ×
マルウェアによって被害を被ったときには、まず一番にネットワークケーブルを抜くなどして、コンピュータをオフラインにすることが大切である。〇か×か。	遠隔操作や情報流失の恐れがあるため、まずはオフラインにすることが大切である。その後、マルウェア対策ソフトなどで感染源をつきとめたり、悪質なファイルを削除するとよい。 正解 〇

用語	意味
066 ★★☆ トロイの木馬 略称 / 語源 ギリシャ神話におけるトロイア戦争のストーリー	何らかの有効なソフトウェアのように装ってコンピュータに侵入し、ファイルなどを不正に操作するマルウェアの1つ。
067 ★☆☆ ランサムウェア 略称 / 語源 Ransomware	マルウェアの一種で、ファイルを勝手に暗号化して使えない状態にし、そのファイルを元に戻すことと引き換えに金銭などを要求するウイルスのこと。ランサム(Ransom)とは身代金という意味がある。
068 ★☆☆ ワーム 略称 / 語源 Worm	ネットワークから不正に侵入し、ほかのコンピュータに対して自分自身のコピーを送り込み、それを繰り返していくことで増殖するマルウェアのこと。
069 ★★★ スパイウェア 略称 / 語源 Spyware	コンピュータ内部の情報を収集し、自動的に外部に送信するソフトウェアのこと。
070 ★★☆ 認証 略称 / 語源 Authentication	対象人物の正当性を確かめること。ユーザIDやパスワードを求めることによって、確認することが多い。

例題	解答・解説
ネットワークを経由して侵入し、ほかのコンピュータに自分自身のコピーを送り込み増殖していくウイルスのことを「トロイの木馬」という。〇か×か。	他のコンピュータに増殖していくマルウェアは、ワームである。トロイの木馬の特徴とは異なる。 正解 ×
重要なファイルは外部媒体へのバックアップを定期的にとっておくことで、ランサムウェアによる被害を軽減することができる。〇か×か。	官公庁、学校、病院も被害にあっている。病院では患者の医療データにアクセスできなくなり、手術スケジュールに影響が生じた事例もある。 正解 〇
ワームは、特定のファイルに感染してそれをUSBメモリやネットワーク経由で他のパソコンにファイルを移動することで感染し、増殖を繰り返していく。〇か×か。	ワームはファイルを介さないでネットワーク経由で増殖していくものである。一部ファイルに感染するものもあるが、それは必須条件ではない。 正解 ×
ネットワークに繋がっていないパソコンであれば、スパイウェアなどのウィルスに感染することはない。〇か×か。	USBなどの記録媒体からウィルスに感染する可能性がある。 正解 ×
認証の精度を高めるためには、ユーザIDとパスワードだけでなく、生体認証や所有物認証などと組み合わせて多要素認証を行うと良い。〇か×か。	認証が多ければ多いほど精度はあがるが、システムの導入コストや煩雑性が増すことにも注意しておきたい。 正解 〇

用語	意味
071 ★★★ 生体認証 略称 / 語源 Biometrics Authentication	個人によって異なる身体的な特徴（指紋や静脈、顔など）を用いて、本人であることを確認する認証方式のこと。FIDO 認証の 1 つである。
072 ★★★ 電子証明書 略称 / 語源 Digital Certificates	認証局によって発行される本人であることを証明するための証明書のこと。デジタルの世界での実印、銀行印のようなもの。
073 ★★☆ 鍵 略称 / 語源 key	暗号化や復号に使われる規則のこと。ネットワーク上に公開した鍵を公開鍵とよび、自分だけが持つ鍵を秘密鍵という。
074 ★★☆ 共通鍵暗号方式 略称 / 語源 AES（Advanced Encryption Standard）	暗号化と復号に同じ鍵を使う方式のこと。共有する人数が多いと、鍵の数が増え管理することは大変になるが暗号としての強度は高く、信頼性の高い暗号方式である。
075 ★★☆ 公開鍵暗号方式 略称 / 語源 Public Key Cryptography	2 つの鍵を利用してデータのやり取りを行う方式のこと。暗号化に使う鍵は公開鍵として、復号に使用する鍵は秘密鍵を用いる。

例題	解答・解説
スマートフォンのロックを解除するときにカメラ機能を使って顔認証を用いた。これは生体認証を用いて、本人確認を行ったものである。○か×か。	顔や指紋による認証は生体認証の中でも最も使われるものである。Face ID や Touch ID などともいわれている。 正解 ○
電子証明書を発行することで、送信されてきたメールがマルウェア（ウィルス）に感染していないことを確認できる。○か×か。	電子証明書は、送信者が誰であるかの信頼性を担保するものであり、なりすましへの対策をするものである。マルウェアに感染しているかの有無を保障するものではない。 正解 ×
情報セキュリティにおいて、暗号文を平文に直すために必要な情報や符号のことを鍵という。○か×か。	鍵を用いた暗号方式については、共通鍵暗号方式と公開鍵暗号方式の違いをよく理解しておきたい。なお、この二つの方式を組み合わせたセッション鍵方式も有名である。 正解 ○
共通鍵暗号方式において、暗号化通信をする相手が1人の場合、使用する鍵の数は公開鍵暗号方式よりも多くなる。○か×か。	共有する人数が1人であれば、鍵は1つで済む。公開鍵暗号方式の場合は、「秘密鍵」と「公開鍵」で合わせて2個の鍵が必ず必要になる。よって、相手が1人の場合は、共通鍵暗号方式のほうが使用する鍵の数は少ない。 正解 ×
公開鍵暗号方式は共通鍵暗号方式に比べて鍵を公開している分だけ安全性に劣る。○か×か。	共通鍵暗号方式では、秘密鍵を共有する必要があり、そこが安全性のネックになる。公開鍵暗号方式では、秘密鍵を共有する必要がないため、処理速度は遅いが、安全であるといえる。 正解 ×

用語	意味
076 ★★★ 電子署名 略称 / 語源 Digital Signature	電子文書に対して、送信されたデータが間違いなく本人から送られてきたものであることを証明するための方法のこと。
077 ★★★ 電子認証 略称 / 語源 Digital Authentication	デジタル署名と電子証明書に基づいた認証方式のこと。これにより、インターネット上などで個人情報を第三者に悪用されることなく、さまざまなサービスを利用できる。
078 ★★★ ユーザ ID 略称 / 語源 User Identification	ユーザを識別するための文字列のこと。パスワードと組み合わせて、認証に用いられる。
079 ★★★ パスワード 略称 / 語源 Password	サービスを利用するとき、その利用者が正式な人物であることを識別するための文字列のこと。
080 ★★☆ セッション鍵方式 略称 / 語源 Session Key	暗号化方式における、共通鍵暗号方式と公開鍵暗号方式を組み合わせた、セッション単位で公開鍵を変更する方式のこと。

例題	解答・解説
電子署名は、公開鍵暗号方式を応用したセキュリティ技術であり、公開鍵を電子証明書とともに送付して確実に本人である証明とともに、鍵を復号する手法である。〇か×か。	電子署名・認証技術によって現実世界で行っている署名、捺印などを電子化できる（契約書、請求書、議事録、申込書など）。 正解 〇
電子認証に必要な電子証明書によって、正当性を証明しているものは次のうちどれか？「秘密鍵」「公開鍵」「共通鍵」「暗号化」	電子証明書は、公開鍵の持ち主を証明するためのものである。 正解 公開鍵
ユーザ ID は認証を行うための大事な要素の１つであるから、パスワードと同じように厳格な管理を行う必要がある。〇か×か。	ユーザＩＤはパスワードと異なり、サービス利用中には他者に表示されたりする場合もあるので、厳格な管理は不要である。ただし、積極的に公開するものではなく、個人の特定につながる恐れから、名前や個人情報が推測できるようなユーザＩＤは避けた方がよい。 正解 ×
セキュリティの観点から、パスワードはあらかじめ複数準備しておき、使いまわすことが望ましい。〇か×か。	パスワードが流出したときに、使いまわしていると被害が拡大してしまうため、サービスごとに異なるパスワードを作成することが推奨される。 正解 ×
特定の短時間にのみ同じ鍵（公開鍵）を用いてセッション単位で鍵を変更する方式を「セッション鍵方式」という。〇か×か。	これによってつくられた暗号を、ハイブリッド暗号ということがある。 正解 〇

用語	意味
081 ★★☆ RSA 暗号方式 略称 / 語源 RSA（アルゴリズムの開発者3人の頭文字）	公開鍵暗号方式の１つで、素因数分解を利用した暗号方式のこと。暗号化に使う鍵は公開（公開鍵）として、復号に使用する鍵は秘密にされたもの（秘密鍵）を用いる。
082 ★★☆ 秘密鍵 略称 / 語源 Private Key	公開鍵暗号方式における暗号文の復号に使うための自分だけがもつ鍵のこと。
083 ★★☆ SMS 認証 略称 / 語源 Short Message Service 認証	ユーザーの端末にショートメッセージ（SMS）を送信し、そこに送信される確認コードを入力することで、本人確認を行う認証システムのこと。
084 ★★☆ 暗号化 略称 / 語源 Encrypt	情報を送信する際に、他者に盗聴されても簡単に解読できない状態にすること。
085 ★★☆ セキュリティパッチ 略称 / 語源 Security Patch	既存の OS やソフトウェアなどの脆弱性を修正するためのセキュリティ更新プログラムのこと。

例題	解答・解説
素因数分解の考え方を用いて暗号化を行うことを、RSA 暗号方式という。○か×か。	「2つの巨大な素数の積を計算するのは簡単だが、その積を2つの数に素因数分解する効率的な方法は見つかっていない」という非対称性を利用して暗号化を行っている。 **正解** ○
共通鍵暗号方式では、秘密鍵を送信者と受信者で共有することで情報をやり取りしている。○か×か。	秘密鍵を共有することはできない。共通鍵暗号方式でやり取りしている鍵は共通鍵のみである。 **正解** ×
SMS 認証とは、SMS を使った認証形式で、一時的に発行されるワンタイムパスワードを入力して、本人確認を行うものである。○か×か。	SMS 認証は、ネットバンキング、決済サービス、SNS ログインなどの場面で利用されることが多い。 **正解** ○
平文を一定の規則となる鍵を使うことによって暗号文にすることを暗号化という。○か×か。	大きく分けて、共通鍵暗号方式、公開鍵暗号方式、この2つを組み合わせたハイブリッド暗号方式がある。 **正解** ○
セキュリティパッチとは、コンピュータやソフトウェアを脆弱性から守るためのウイルス対策ソフトウェアの1つである。○か×か。	セキュリティパッチは、既存のソフトウェアのセキュリティホール（セキュリティに関する欠陥）を修正するための更新プログラムのことで、それ自体がウイルス対策ソフトウェアというわけではない。 **正解** ×

用語	意味
086 ★★☆ セキュリティホール 略称 / 語源 Security Hole	コンピュータやOSにおいて、プログラムの欠陥や設計上のミス等によってセキュリティの抜け穴となっている部分のこと。
087 ★★☆ ハッシュ値 略称 / 語源 Hash Value	元データから一意に定まる文字列のこと。元データが少しでも代わると違う文字列が生成される。ハッシュ値から元データは求められない。
088 ★★☆ 平文 略称 / 語源 Cleartext	暗号化されていないデータのこと。「ひらぶん」と読む。第三者が閲覧しても簡単にデータを読み取ることができる。
089 ★★☆ 復号 略称 / 語源 Decryption	暗号化された文章を平文に戻すこと。
090 ★☆☆ DoS攻撃 略称 / 語源 Denial of Service Attack	サーバーに対して、過剰なアクセスを与え、サーバーをダウンさせるなどの攻撃を行うこと。

例題	解答・解説
不正アクセスなどに利用される、コンピュータやネットワークに存在する弱点や欠陥のことを「ハッキング」という。○か×か。	セキュリティホールのことである。ハッキングとは、他人のコンピュータを乗っ取ったり破壊行為を行うこと。 正解 ×
ハッシュ値は暗号化通信やブロックチェーンに使われている。○か×か。	ハッシュ値を利用すると、元データが改ざんされていないことを証明できる。 正解 ○
平文とは暗号文を復号したもののことを表し、暗号化する前の文章は平文とは言わない。○か×か。	暗号化されていない文章はすべて平文となる。 正解 ×
公開鍵暗号方式では、公開鍵を用いて復号を行う。○か×か。	復号は、暗号化された文章を平文に戻すことなので、秘密鍵が必要である。 正解 ×
複数人で結託するなどして、特定のWebページで更新ボタンを連打するなどして、サーバーに大きな負荷を与えて業務を妨害することをDoS攻撃という。○か×か。	ウイルスに感染したコンピュータが遠隔操作され、攻撃に加担させられるような場合もある。複数のマシンで攻撃することをDDoS攻撃ともいう。 正解 ○

用語	意味
091 ★☆☆ **FIDO 認証** 略称 / 語源 Fast Identity Online	パスワードの代わりに、ユーザーの持つデバイスなどに秘密鍵を持たせて認証を行う仕組みのこと。生体情報（指紋など）による認証もこのうちの１つである。
092 ★☆☆ **アドウェア** 略称 / 語源 Advertising-Supported Software	無料でソフトウェアの機能を使えるかわりに、ユーザーに意図しない広告を表示して収益を得る仕組みのソフトウェアのこと。
093 ★☆☆ **ウィルス定義ファイル** 略称 / 語源 Virus Definition File	既知のコンピュータウイルスの特徴や固有のデータを記録しておくためのファイルのこと。パターンファイルともいう。
094 ★☆☆ **キーロガー** 略称 / 語源 Key Logger	パソコンやスマートフォンのキーボードなどの操作内容を記録するソフトウェアのこと。本来は有害なものではないが、不正アクセスなどの個人情報の流出被害を生むことがある。
095 ★☆☆ **クラッカー** 略称 / 語源 Cracker	コンピュータを不正に操作したり、データの改ざんや破壊、窃盗をしたりする人のこと。

例題	解答・解説
スマートフォンのロックを顔認証によって解除した。これは「FIDO 認証」という方式の1つである。○か×か。	現在使用されているパスワードを必要としない認証方式の多くは、この FIDO 認証によるものである。 正解 ○
ユーザーに意図しない広告を表示するアドウェアは有害なものであるから、使用を控えるべきである。○か×か。	ユーザーに意図しない広告表示は良いものではないが、アドウェアはすべて有害なものではなく、大変有益なものもあるので、注意しつつ積極的に使うべきである。 正解 ×
コンピュータウイルスの特徴や記録パターンなどの定義ファイルは個人で作成し、何かトラブルがあるごとに自分で記録する等をしてウイルス対策していくことが大事である。○か×か。	ウィルス定義ファイルは原則として対策ソフトウェアが自動で更新する仕組みになっている。ウイルス側も日々新しくなることが多く、定義ファイルを自分で作成したり、手動で更新していくことは現実的ではない。 正解 ×
キーロガーとは、パスワードとして利用されそうな単語データを組み合わせるなどしてパスワードを解析して情報を盗む手段のことである。○か×か。	キーロガーは、キーボードの入力を記録し、その記録からパスワードを推測することで脅威をもたらす。 正解 ×
コンピュータを不正に操作したり、データの改ざんや破壊、窃盗をしたりする人のことをハッカーという。○か×か。	ハッカーではなくクラッカー。ハッカーは「コンピュータに精通した人」という意味で、善悪の概念はない。 正解 ×

用語	意味
096 ★☆☆ シーザー・ローテーション 略称 / 語源 Caesar Rotation	文字を決まった数だけずらすことによって作れる単純で著名な暗号方式の1つ。シーザー暗号ともいう。
097 ★☆☆ パターンファイル 略称 / 語源 Pattern File	既知のコンピュータウイルスの特徴や固有のデータを記録しておくためのファイルのこと。ウイルス定義ファイルともいう。
098 ★☆☆ ハッカー 略称 / 語源 Hacker	善悪の区別なく、コンピュータに精通している人のこと。
099 ★☆☆ ボット 略称 / 語源 Bot（Robot が由来）	人間の介入なしで、ロボットのように特定の作業を自動的に行うプログラムのこと。チャットや SNS などで人間のように振る舞うプログラムを指す場合もある。
100 ★★★ 情報システム 略称 / 語源 Information System	大量の情報を記録、処理、伝達するために情報機器を連携させて、システムとして一体的に行うような仕組みにすること。

例題	解答・解説
シーザー・ローテーションを用いて、次の文字列を復号せよ。「VHLNDL」（ヒントは前へ 3 文字ずらす）	実際に暗号化と復号をするためには、文字を 3 文字後ろへずらすということを共有しておく必要がある。 正解 SEIKAI
パターンファイルを最新の状態に更新していれば、ウイルスに脅威を感じる必要はない。○か×か。	パターンファイルは過去のウイルスに対する対策であるため、最新のものであっても新種のウイルスに対応しているとは限らない。 正解 ×
「ハッカー」と「クラッカー」について、コンピュータに詳しい人の総称を示すのはどちらか。	クラッカーとハッカーを混同してしまいやすいので、違いをよく理解しておきたい。クラッカーは悪意があり、ハッカーは善悪の区別はない。 正解 ハッカー
ボットとは、ユーザの意図に関係なくインストールされ、個人情報やアクセス履歴などを自動で収集し、外部に漏えいさせてしまうプログラムのことである。○か×か。	例題はスパイウェアのことである。ボットの悪い使われ方としては、個人情報の収集よりも迷惑メールの大量送信や特定サイトへの DoS 攻撃などがある。 正解 ×
コンビニでの POS システムや電子マネー、チケット予約などの情報システムを利用することで大量の情報を効率的にシステムの中で処理することができる。○か×か。	この他にも、地球観測システム、銀行の ATM など、さまざまなものがシステム化されている。 正解 ○

用語	意味
101 ★★★ **情報の機密性** 略称 / 語源 Confidentiality	特定の情報に対して、アクセスの制限や ID とパスワードを設定するなどして、漏えいや悪用のリスクを減らすこと。
102 ★★★ **情報の可用性** 略称 / 語源 Availability	特定の情報を使いたいときに、いつでも使える状態にしておくこと。
103 ★★★ **情報の完全性** 略称 / 語源 Integrity	特定の情報が正確なものであり、完全な情報が最新のものとして保持されている状態のこと。
104 ★★☆ **情報の個別性** 略称 / 語源	特定の情報がある人にとっては非常に有意義なものである一方、他の人にとっては価値のないものであるように、受け手によって情報の価値や評価が異なること。
105 ★★☆ **情報の目的性** 略称 / 語源	情報には発信する側、受信する側、双方に意図や目的があり、受信者側には発信者からの情報を正確に受け取る意識が必要であるということ。

例題	解答・解説
「マルウェアに感染したことでパスワードが外部に流出した」ことは、何を損なった状態といえるか。「機密性」「完全性」「可用性」から答えよ。	パスワードの流出は、アクセスできる人を不本意ながら増やしているので、機密性を損なったことになる。 **正解** 機密性
「DoS 攻撃によって、システムを運用していたサーバーがダウンしてしまった」ことは、何を損なった状態といえるか。「機密性」「完全性」「可用性」から答えよ。	通常はシステムを利用したいときに利用できるにも関わらず、サーバーダウンによって使えなくなってしまった。これは可用性が損なわれたといえる。 **正解** 可用性
「データの数値を誤って入力したため、誤った結果が表示されてしまった」ことは、何を損なった状態といえるか。「機密性」「完全性」「可用性」から答えよ。	データの入力を間違えたため、完全かつ正確な情報とはいえない。よって、完全性が損なわれたことになる。 **正解** 完全性
自分にとってはさほど価値のあるものに思えなかったデータを Web 上に公開した。これは良いことか悪いことか。	情報の個別性を考慮した情報発信の倫理観が求められる。一度公開した情報は消えない、すぐに伝播するので、常に他者のことを考えよう。 **正解** 悪い
情報の目的性とは、送信者側が情報を発信するときに「相手にこうなってほしい」と目的をもって発信することである。○か×か。	送信者側だけでなく受信者側にも受け取る目的があり、双方向の意図や目的が表れていることがポイントである。 **正解** ×

用語	意味
106 ★★☆ 信憑性 略称／語源 Credibility	特定の話題や言説について、信用できる度合いのこと。

例題	解答・解説
インターネット上には有益な情報もあるが、そのすべてに信憑性が保証されているわけではない。○か×か。	誤情報には意図しないものや、視点が偏った情報もあるため、メディアリテラシーを身に着け、その真偽を見極める力が必要である。 正解 

2章の用語一覧

圧縮
解凍
伸張
復元
ZIP
可逆圧縮
非可逆圧縮
バックアップ
アーカイブ
エンコード
デコード
文字化け
サンプリング
整列
標本化
量子化
符号化
標本化周波数
サンプリング周波数
標本化定理
サンプリング定理
標本化周期
フレーム
量子化ビット数
LZ 圧縮
PCM 方式
圧縮率
ハフマン圧縮
ランレングス圧縮
補数
丸め誤差
10 進法
16 進法
2 進法
bit
アナログ
デジタル
周波数
バイト
ビット
文字コード
ASCII コード
JIS コード
Hz
SI 接頭辞
Unicode
UTF
固定小数点数
浮動小数点数
EUC
ベクタ形式
ラスタ形式
BMP
GIF
JPEG
MOV
mp3
MPEG
PNG
三原色
CMY
RGB
dpi
fps
スタイル
トリミング
フレームレート
ポイント数
SDGs
ユニバーサルデザイン
レイアウト
AR
ppi
UD フォント
VR
解像度
画素
仮想現実
ゴシック体
彩度
色相
情報デザイン
ダイアグラム
展開
電子すかし
ピクセル
明度
レタッチ
アウトライン
色覚バリアフリー
シグニファイア
ジャギー
タイトル（キャプション）
ピクトグラム
ヘッドマウントディスプレイ
CUI
GUI
アイコン
ユーザインタフェース
ユーザエクスペリエンス
ユーザビリティ
AND 検索
NOT 検索
OR 検索
BCC
CC
コミュニケーション
同期型コミュニケーション
非同期型コミュニケーション
電子メール
メールアドレス
メッセージアプリ
メディア
表現メディア
引用
参考文献
プッシュ型
プル型
メーラ
要約文（ダイジェスト）
ブレーンストーミング
マインドマップ
ペルソナ法
メディアリテラシー
トレードオフ
ルーブリック

第2章

コミュニケーションと情報デザイン

非可逆圧縮

用語	意味
107 ★★★ 圧縮 略称 / 語源 Data Compression	データの内容を大きく変えることなく、サイズを小さくする技術のこと。
108 ★★★ 解凍 略称 / 語源 Decompress	拡張子が「.zip」や「.lzh」などの圧縮されたファイルを元に戻す操作のこと。
109 ★☆☆ 伸張 略称 / 語源	データを圧縮したファイルに対して逆変換を行い、元の状態に復元すること。解凍ともいう。
110 ★★★ 復元 略称 / 語源	データを元に戻すこと。また、バックアップされたファイルから、元のファイルを修復したり元の状態に戻すこと。リストアともいう。
111 ★★☆ ZIP 略称 / 語源 フィル・カッツが開発したファイル圧縮ソフト pkzip	複数のファイルを1つのファイルとして、まとめて取り扱うことができるような圧縮ファイルのこと。

例題	解答・解説
圧縮の方式は大きくわけて2種類にわかれるが、それらを答えよ。	圧縮後に元の形に戻せるものを可逆圧縮、戻せないものは非可逆圧縮という。 **正解** 可逆圧縮方式、非可逆圧縮方式
ファイルを圧縮するとデータの容量が小さくなる。○か×か。	電子メールでフォルダごと送りたい場合, ファイル圧縮を利用すると便利である。受け取った側は解凍することで圧縮前の状態に戻せる。 **正解** ○
非可逆圧縮方式が用いられているファイルを伸張した場合、元と同じ形に戻すことができる。この変更は適切か不適切か答えよ。	非可逆圧縮方式はいかなる場合でも元と同じ形には戻らない。ちなみに圧縮という言葉の対義語として「伸張」が使われていたが、現代では「解凍」のほうが主流になった。 **正解** 不適切
システムが正常に機能している状態を保存しておき、万が一システムが機能しなくなったときに、保存したファイルからシステムを復旧させることを復元という。○か×か。	正常な状態を保存しておくことをバックアップという。万が一のときに復元できる状態に保つことはシステムの運用・保守の中でも大事な要素の 1 つである。 **正解** ○
200KB の文書ファイルを圧縮して ZIP ファイルにしたところ、180KB となった。このときの圧縮率は何 % か答えよ。	(圧縮後のファイルサイズ / 元のファイルサイズ) × 100 で求まる。 **正解** 180/200 × 100 より 90%

用語	意味
112 ★★★ 可逆圧縮 略称 / 語源 Lossless Compression	データを圧縮するときに、内容を全く損なうことなく元の状態に戻すことができる圧縮方式のこと。
113 ★★★ 非可逆圧縮 略称 / 語源 Lossy Compression	データを圧縮するときに、高い圧縮率を実現できるが、完璧に元の状態に戻すことはできない圧縮方式のこと。
114 ★★★ バックアップ 略称 / 語源 Backup	データやプログラムが突然紛失することに備えて、あらかじめ別の記録媒体にコピーを保存しておくこと。
115 ★★★ アーカイブ 略称 / 語源 Archive	消したくないデータを専用の記憶装置に長期的に保存する機能のこと。
116 ★★☆ エンコード 略称 / 語源 Encode	あるデータや情報を一定の規則に基づいた形で符号化すること。データの暗号化や圧縮するときに用いられる。

例題	解答・解説
JPEGは画像ファイルを圧縮してもきれいに表示することができる画像形式の1つであるが、これは可逆圧縮方式によって圧縮されている。○か×か。	JPEGは完璧に元の状態に戻すことができない非可逆圧縮方式を用いている。ビットマップと比べるとデータ容量を大幅に削減できる。 **正解** ×
mp3ファイルは、元の音声ファイルなどを高い圧縮率で品質を大きく損なうことなく非可逆圧縮したファイルである。○か×か。	mp3は高い圧縮率を実現できるが、非可逆圧縮方式なので元の形に戻すことはできない。しかし、人間が一般的には聞き取れないような範囲を圧縮しているため、音質などが大きく劣化した状態にはならないので、インターネット上などでよく用いられている。 **正解** ○
バックアップを取ったのちにシステムの修正が必要であったため、元ファイルとバックアップファイル両方に同じ変更を行った。○か×か。	同じ作業を行ったとしても、人為的ミスで相違が生じることがあるので、元ファイルを修正した上で、改めてコピーしてバックアップをすることが望ましい。 **正解** ×
アーカイブはバックアップと比べて、保存した記録が長期的かつ利用頻度がそこまで高くないもの、また復旧を主目的とするものではない場合のことをいう。○か×か。	バックアップとアーカイブは行為自体は似ているが、目的が若干異なっていることに注意しておきたい。 **正解** ○
コード化して送られてきた情報を読み込むために、その情報をもとの形式に戻すことをエンコードという。○か×か。	コードをもとに戻すのは、「デコード」である。エンコードとデコードはセットで覚えておきたい。 **正解** ×

用語	意味
117 ★★☆ デコード 略称／語源 Decode	符号化（エンコード）されたデータを元の状態に戻すこと。復号ともいう。
118 ★★☆ 文字化け 略称／語源	文字列が意図しない記号などに置き換わって表示されてしまうこと。エンコードとデコードの方式が異なる場合に起こりやすい。
119 ★★☆ サンプリング 略称／語源 Sampling	アナログ→デジタル変換の際に、データの取り込み時間を一定間隔に分割すること。統計調査などにおいては、データ全体から一部を取り出してデータ全体を推測すること。
120 ★★☆ 整列 略称／語源 Sort	データをある値に基づいて順序をつけて並び替えること。
121 ★★☆ 標本化 略称／語源 Sampling	音や映像の連続信号をデジタル化する際に、波を一定間隔で分割して取り出すこと。

例題	解答・解説
エンコードとデコードの方式が異なることにより、文字等がめちゃくちゃな状態になって表示されることを「テキストマイニング」という。○か×か。	エンコードとデコードによる文字の変化は、「文字化け」が正しい。 正解 ×
インターネット上のメールやWebサイトでは、文字化けを防ぐため①②③などの機種依存文字を極力使わないほうがよい。○か×か。	機種依存文字は便利であるが、対応する環境によっては文字化けすることがあるので、使用を控えたほうがよい。 正解 ○
統計データにおいて、特徴のある分類項目を恣意的にサンプリングすることは、適切な分析を妨げることになる。○か×か。	音や映像に関連しては、「一定間隔でデータを分割し、標本化して、アナログ信号からデジタルデータに変換する」という意味でこの言葉を用いることもある。 正解 ○
データ全体の最大または最小の要素をデータの先頭から順番に配置していく整列のアルゴリズムをバブルソートという。○か×か。	このやり方は「選択ソート」と呼ばれる手法である。単純な整列法であるが、計算量が多く処理に時間がかかる傾向にある。 正解 ×
音の連続信号から一定間隔でデータを抽出することを標本化という。○か×か。	アナログからデジタルに変換するときには、標本化と量子化が行われる。 正解 ○

用語	意味
122 ★★☆ **量子化** 略称 / 語源 Quantization	光や音などのアナログ信号をデジタルデータに変換するプロセスのこと。標本化で抜き出したデータを数値に変換するのが量子化である。
123 ★★☆ **符号化** 略称 / 語源 Encode	あるデータや情報を一定の規則に基づいた形で置き換えて記録すること。データの暗号化や圧縮の際に用いられる。エンコードともいう。
124 ★★☆ **標本化周波数** 略称 / 語源 Sampling Frequency	音や映像をデジタル化する際に、1秒間あたりに標本化する回数のこと。サンプリング周波数ともいう。
125 ★☆☆ **サンプリング周波数** 略称 / 語源 Sampling Frequency	音や映像をデジタル化するときに、1秒間あたりに標本化する回数のこと。標本化周波数ともいう。
126 ★★☆ **標本化定理** 略称 / 語源 Sampling Theorem	アナログ信号をデジタル信号に変換する際に、元のデータに含まれる最高周波数の2倍以上でサンプリングを行うことで、元の信号を再現できるという定理のこと。サンプリング定理ともいう。

例題	解答・解説
アナログ値をデジタル化する過程として、標本化、量子化、符号化を順番に行っていけばよい。○か×か。	スマートフォンで写真を撮る際にも、光の信号をデジタルデータに置き換えてメモリに記録している。 正解 ○
特定のファイルや文章などを一定の規則に基づいて別の形式に変換することを暗号化という。○か×か。	正解は符号化である。暗号化も同じ一定の規則に基づいていることもあるが、他者から読み取れなくようにする意図が含まれている必要がある。 正解 ×
標本化周波数を下げて音楽を標本化した場合、元の音楽よりも音程が下がる。○か×か。	標本化周波数は、1 秒間あたりに標本化する回数を示すものであるから、それが下がっても音楽の音程が下がるわけではない。一方で、サンプリングする回数が減る関係で、音質は劣化する。 正解 ×
サンプリング周波数を 20kHz から 10kHz に変更した場合、データ量は半分になる。○か×か。	1 秒間あたりのデータの取得回数が半分になるため、データ量も同様に半分になる。 正解 ○
人間の耳で聞こえる限界が 20kHz までと言われている。標本化定理を用いると、サンプリング周波数はいくつになるか。	20kHz × 2 = 40kHz である。一般的な CD はこの計算を考慮して、サンプリング周波数が 44.1kHz であることで設定されていることが多い。 正解 40kHz

用語	意味
127 ★☆☆ サンプリング定理 略称 / 語源 Sampling Theorem	アナログ信号をデジタル信号に変換する際に、元のデータに含まれる最高周波数の2倍以上でサンプリングを行うことで、元の信号を再現できるという定理のこと。標本化定理ともいう。
128 ★★☆ 標本化周期 略称 / 語源 Sampling Cycle	アナログをデジタルに変換するときの標本化を行う周期のこと。サンプリング周期ともいう。
129 ★★☆ フレーム 略称 / 語源 Frame	動画を構成するための1枚1枚の画像（コマ）のこと。デジタルデータの伝送単位としても使われる。
130 ★★☆ 量子化ビット数 略称 / 語源	音の大小をどれくらい細かい段階で記録したものかを表すもの。単位はbitである。
131 ★☆☆ LZ圧縮 略称 / 語源 Abraham Lempel, Jacob Zivのlz	可逆圧縮方式の1つで、規則性に基づく文字列の場合、「何文字前の何文字分と同じ」という条件を指定する形で圧縮する方法のこと。

例題	解答・解説
波が単一の正弦波で周波数が20Hzの場合、この信号を正確に復元するための最小の標本化周波数はいくつより大きければよいか。	周波数が20Hzなので周期は0.05[s]となり、その半分である0.025[s]より小さい時間で標本化する。周波数は逆に40Hzより大きい周波数で標本化する。 正解 40Hz
アナログをデジタルに変換するときに、標本化周期が短ければ短いほど、データ量が減少する。〇か×か。	標本化周期が短いと、より忠実にデータをデジタル化することになるため、データ量は増加する。 正解 ×
動画は、フレームを複数組み合わせることによって構成されており、画像をパラパラ漫画のようにして動画の動きを表現している。〇か×か。	1秒あたりのフレーム数が多ければ多いほど、動きが滑らかになる。 正解 〇
量子化ビット数が8bitであるとき、2の8乗通りの段階で音の大小を表現することができる。〇か×か。	量子化ビット数が大きくなればなるほど、デジタルデータがもとの音源に近づいていくことになる。 正解 〇
「かえるぴょこぴょこみぴょこぴょこ」における「ぴょこ」の部分をLZ圧縮によって圧縮するとどうなるか。	3、3は3つ前の文字から3文字分同じ、7、6は7つ前の文字から6文字分同じという意味を表している。 正解 かえるぴょこ3、3み7、6

用語	意味
132 ★☆☆ **PCM方式** 略称／語源 Pulse Code Modulation	音声などのアナログ信号をデジタルデータに変換する方式の１つ。パルス符号変調方式ともいう。
133 ★☆☆ **圧縮率** 略称／語源 Compression Ratio	データを圧縮したときに、圧縮後のデータ量が元のデータ量よりどれくらい減ったかを表す比率のこと。
134 ★☆☆ **ハフマン圧縮** 略称／語源 Huffman Compression	可逆圧縮方式の１つで、対象データに高頻度で現れるものに短いビット数のコードを割り当てて、低頻度のものに長いビット数のコードを割り当てることで圧縮する方法のこと。
135 ★☆☆ **ランレングス圧縮** 略称／語源 Run Length Encoding	可逆圧縮方式の１つで、同じデータが続く部分を数え、その数値を用いて符号化する方法のこと。
136 ★☆☆ **補数** 略称／語源 Complement	あるn進法でかかれた数と足し合わせることで、桁上がりが発生する数のうち最小である数のこと。

例題	解答・解説
音楽 CD を作成するときなど、アナログの演奏データをデジタルに変換する方式のことを PCM 方式という。○か×か。	音のデジタル化の過程における符号化の段階で PCM 方式が用いられる。スマートフォンでも通話や録音、音声認識に使われている。 **正解** ○
ファイルサイズが 36MB のファイルを圧縮したところ、9MB になった。圧縮率は何%か求めよ。	圧縮率は、(圧縮後のサイズ) ÷ (圧縮前のサイズ) × 100 (%) で計算される。 **正解** 25%
電信におけるモールス信号などに使われる出現頻度に応じたビット数を割り当てる圧縮方式を、ハフマン圧縮という。○か×か。	英文では母音の出現頻度が高いため、母音に短いビット数を割り当てるなどして圧縮を行う。 **正解** ○
AAABBCCCCCをランレングス圧縮によって圧縮するとどのようになるか。	例題のように文字が複数連続するときは、直後に数字を割り振って圧縮を行うが、文字が 1 個しかない場合は数字を付け加えるとデータが増大してしまうので、数字を付けないこととする。 **正解** A3B2C5
(例) 2 進数 1101 について、補数を求めよ。	2 進数の補数は、ビットを反転させてそれに 1 を足した数字となる。 **正解** $(11)_2$

用語	意味
137 ★☆☆ 丸め誤差 略称 / 語源	表計算ソフトなどで数値が循環小数のように無限に続き、すべての数値を表現することができず一部分が省略されることによって起こる誤差のこと。
138 ★★★ 10 進法 略称 / 語源	10 を底として、0 ～ 9 までの 10 個の数字を使って表す位取り記数法のこと。
139 ★★★ 16 進法 略称 / 語源	16 を底として、0 ～ 9 と A ～ F までの 16 個の英数字を使って表す位取り記数法のこと。
140 ★★★ 2 進法 略称 / 語源	2 を底として、0と1の2個の数字を使って表す位取り記数法のこと。
141 ★★★ bit 略称 / 語源 Binary Digit	情報量の最小単位のことで、2 進数の数値における1桁のこと。

例題	解答・解説
表計算ソフトウェアにおいて、無限小数は表示されない部分についても正確な値を読み込んでおり、丸め誤差は発生しない。〇か×か。	表計算ソフトでの計算は丸め処理を行うため、丸め誤差が生じる。 正解 ×
10 進法の 12 を2進法で表すと $1100_{(2)}$ である。〇か×か。	社会で最も一般的に利用されている位取り記数法は 10 進法である。 正解 〇
10 進法の 16 を 16 進法で表すと $10_{(16)}$ である。〇か×か。	2 進法で表された数値は桁数が多く分かりにくいので、16 進法を使うと見やすくなる。例えば $1111_{(2)}$ は $F_{(16)}$ と表せる。 正解 〇
コンピュータの内部では、2 進法で数値を表現している。〇か×か。	コンピュータの中の回路は、教科書でいうところの論理回路が複雑に組み合わさって動いている。したがって 1 と 0 の 2 進法を対応させやすい。 正解 〇
1Byte = 10bit である。〇か×か。	8bit が正しい。情報を bit 列に置き換えて処理することを「デジタル信号処理」という。 正解 ×

用語	意味
142 ★★★ **アナログ** 略称 / 語源 Analogy（類推）から Analog に派生	時計の針の位置や、水銀柱の長さのように、情報やデータの連続的な状態を目に見える量で表現すること。
143 ★★★ **デジタル** 略称 / 語源 Digitus（ラテン語の指）から派生	連続的な量を一定の間隔で区切った数字や数値で表現すること。離散的ともいう。
144 ★★★ **周波数** 略称 / 語源 Hz	1秒間に含まれる波の数のことで、単位を「Hz」で表す。
145 ★★★ **バイト** 略称 / 語源 Byte	8ビットのことをまとめて1バイトという。単位は B で表す。
146 ★★★ **ビット** 略称 / 語源 Bit	情報量の最小単位のことで、2進数の数値における1桁を表す。「bit」と表記する。

例題	解答・解説
現代社会の急速なデジタル化に伴い、旧来の機器や仕組みなどを比喩的にアナログというようになったが、これは本来の意味とは若干異なっている。○か×か。	対義語と言えるデジタルという言葉も解釈や用法が複数あるので合わせて確認しておきたい。 正解 ○
コンピュータの世界では、電気信号の ON/OFF で物事を判別することからアナログ情報はデジタル化してコンピュータが読み込めるような形にしないと扱うことができない。○か×か。	映像、音、文字などもすべてデジタルデータにする際には、離散的に区切ることで、2進数の0と1を使って表し、コンピュータ上で動作できるようにしている。 正解 ○
音の周波数が 442Hz である場合、2 秒間で振動の波は何回発生することになるか。	周波数は、1 秒間に流れる電流の向きが入れ替わる回数としても使われることがある。東日本では 50Hz、西日本では 60Hz であり、異なる周波数が使われている。 正解 884 回
40bit をバイトで表すと、何バイトになるか。	40 ÷ 8=5。単位をつける場合は、5B と表記する。 正解 5
A ～ Z までの文字コードを表現するために最小で必要なビット数はいくつか答えよ。	A ～ Z まで 26 種類の文字があり、ビットは 1 桁目で 2 種類表すことができるから、2 の指数乗を考えればよい。2 の 4 乗は 16 で足りず、2 の 5 乗であれば 32 であるから、26 種類の文字を表すことができる。 正解 5

用語	意味
147 ★★☆ 文字コード 略称 / 語源	文字や記号などをコンピュータで扱えるようにするために、それぞれに番号を与えたもの。
148 ★★☆ ASCII コード 略称 / 語源 American Standard Code For Information Interchange	米国規格協会が定めた文字コードで、7 桁の 2 進数に半角英数字や制御文字を割り当てたもの。
149 ★★☆ JIS コード 略称 / 語源 Japanese Industrial Standards	日本産業規格によって定められた、数字、英文字、漢字、ひらがな、カタカナ、各種記号、機能文字などの文字コードのこと。
150 ★★☆ Hz 略称 / 語源 電磁波の証明をしたハインリッヒ・ヘルツ	周波数の単位のことで音波の振動数を表す。例えば 50Hz は、1 秒間に 50 個の波が伝わる。
151 ★★☆ SI 接頭辞 略称 / 語源 System International Prefix	50GB の G（ギガ）のように、大きな数字や小さな数字を表記するために、単位（ここでは B:バイト）の前につけられている接頭語のこと。

例題	解答・解説
日本語に対応した文字コードを次の中から選べ。「Unicode」「EUC」「ASCII コード」	EUC（Extended Unix Code）は、日本発祥で世界的な標準となったUNIX系のOSで使われている文字コードである。 **正解** EUC
ASCII コードとは、日本産業規格による日本語の文字コードの体系である。○か×か。	JIS コードが正しい。ASCII コードは、ほとんどのコンピュータの標準的な文字コードとして利用されている。 **正解** ×
JIS コードは、米国規格協会が定めた半角英数字やラテン数字などを、7桁の2進数に当てはめた文字コードのことである、○か×か。	ASCII コードが正しい。日本では、JIS コードのほかに、それを改良したシフト JIS コードが使われている。 **正解** ×
1秒間に 50Hz の波が伝わるとき、その波の周期を求めよ。	1秒間に 50 回の波が伝わることから、一周期あたりの秒数は 1 ÷ 50=0.02 となる。 **正解** 1/50 = 0.02[s]
10000000000B を 10GB と表記するが、この「G」は SI 接頭辞の役割として表記している。○か×か。	2022 年に 10 の 30 乗を「クエタ」として追加するなど、現在でも国際度量衡学会によって更新がなされることがある。 **正解** ○

用語	意味
152 ★★☆ **Unicode** 略称／語源	世界中の文字を1つの文字コードで扱えるようにした国際的な標準規格の1つ。
153 ★★☆ **UTF** 略称／語源 Unicode Transformation Format	Unicode 等で割り当てられている文字を、コンピュータ内で処理できるように変換する方式の1つ。
154 ★★☆ **固定小数点数** 略称／語源 Fixed-Point Number	コンピュータ上での小数の扱い方のひとつ。小数の桁数に関わらず、小数点の位置を固定して表示する方法のこと。
155 ★★☆ **浮動小数点数** 略称／語源 Floating-Point Number	指数部と仮数部を用いた指数表記の方法のこと。正負については、先頭に符号部を割り当てて、0を正、1を負とする。
156 ★☆☆ **EUC** 略称／語源 End-User Computing	企業の現場などで実際に情報システムを使用する立場の人間が、自らシステム開発や運用管理を行うこと。

例題	解答・解説
世界で使われている主要な言語を1つのコード体系にまとめたものをUnicodeという。○か×か。	Unicodeのうち、UTF-16は1文字が1つ、または2つの16ビットで符号化されている。 **正解** ○
UTFとは、「Universal Text Format」の略である。○か×か。	Transformaitonが正しい。UTFの中でも、UTF-8, 16, 32などのいくつかのコード体系がある。 **正解** ×
固定小数点数で表現した場合、表現できる数値の範囲は浮動小数点数よりも狭い。○か×か。	頭から何bit分を整数にするかが決まっている関係で、表現できる数値の有効範囲も始めに決まってしまうため浮動小数点数より狭くなる。 **正解** ○
「− 0.00125」を浮動小数点数を用いて表せ。表記は10進数とする。	浮動小数点数は、固定小数点数で表記するよりも、数値の範囲が広がることで知られている。巻末の浮動小数点数を参照。 **正解** -1.25×10^{-3}
情報システム部門ではない、実際にシステムを活用している人がその現場の状況に応じて、自らシステムを構築することをEUCという。○か×か。	EUCよりも、より積極的にシステム構築に関わることをEUD（Development）という。 **正解** ○

用語	意味
157 ★☆☆ **ベクタ形式** 略称 / 語源 Vector	ドロー系ソフトウェアによる画像形式で、基準点からの座標や角度、太さによって表現する形式のこと。解像度を落とすことなく無限に大きくサイズ変更できる。
158 ★☆☆ **ラスタ形式** 略称 / 語源 Raster	ペイント系ソフトウェアによる画像形式で、画像を画素による点の集まりとして表現する形式のこと。画素数が多いほど高画質になり、少ないほど低画質になる。
159 ★★★ **BMP** 略称 / 語源 Bitmap	ビットマップは画像を色の付いた点の配列として表現するWindowsの標準的な画像形式である。一つ一つの点に色や色の濃さの情報を持つためファイルサイズは大きい。
160 ★★★ **GIF** 略称 / 語源 Graphics Interchange Format	画像圧縮形式の１つで、簡易的なアニメーションを表示する際にも使われる。
161 ★★★ **JPEG** 略称 / 語源 Joint Photographic Experts Group	静止画像のデジタルデータを圧縮する方式の1つ。フルカラー画像で高い圧縮率を実現できる。

例題	解答・解説
ラスタ形式とベクタ形式について、拡大縮小に適している形式はどちらか。	デジタルイラストや会社のロゴでよく利用される。複雑な写真には向かない方式である。 **正解** ベクタ形式
ラスタ形式とベクタ形式について、写真などの複雑なデータの表示ができる形式はどちらか。	デジタル写真はたいていはラスタ形式で撮影される。ベクタ形式と比べて表示できる色数が多く、光や影を細かく表現できる。 **正解** ラスタ形式
ビットマップ形式で作られた画像はラスタ形式かベクタ形式か。	ビットマップ形式はラスタ形式の一つ。ビットマップ形式は色のビット数に制限がある。 **正解** ラスタ形式
画像の連続表示が可能な形式で、再生ボタンを押すことなく動画を流すことができるファイルを MOV ファイルという。○か×か。	GIF が正解。拡張子は「.gif」である。GIF はデータ容量が小さいため扱いやすい。 **正解** ×
BMP ファイルに比べて圧縮されており、ある程度画質が保たれている画像の保存形式の１つがJPEGである。○か×か。	拡張子は「.jpg」または「.jpeg」である。 **正解** ○

用語	意味
162 ★★☆ **MOV** 略称 / 語源 Quicktime Movie	Apple 社における標準動画形式のことで、Apple 社製品と相性がよい。
163 ★★☆ **mp3** 略称 / 語源 Mpeg-1 Audio Layer 3	音声圧縮形式の1つ。人間の聴覚心理を利用した圧縮を行う。MP3 プレーヤーは単体でも売られているし、スマホアプリにもある。
164 ★★☆ **MPEG** 略称 / 語源 Moving Picture Expert Group（動画専門家集団）	動画や音声の圧縮形式の1つ。DVD やデジタル放送、さらにインターネット上の動画配信に利用されている。
165 ★★☆ **PNG** 略称 / 語源 Portable Network Graphics	JPEG と同じように、静止画像のデジタルデータを圧縮する方式の1つ。フルカラーや透過を劣化することなく圧縮することができるが、若干容量が大きくなる傾向がある。解凍した際には、元の画像と同じようになる。
166 ★★☆ **三原色** 略称 / 語源 Three Primary Color	割合を変えて混合するとすべての色を表現することができる。大きく分けて「RGB：光の三原色（加法混色）」「CMY：色の三原色（減法混色）」がある。

例題	解答・解説
動画の標準形式であるmp4の基盤になった、Apple社による動画形式をMOVという。○か×か。	拡張子は、「.mov」である。Windows製品との相性によっては、再生できないこともある。 正解 ○
mp3は可逆圧縮であり、音質はCDと同じである。○か×か。	非可逆圧縮であり、音質はCDに劣る。mp3の後発規格としてAACやWMA、ATRACなどがある。 正解 ×
次の拡張子のうち動画ファイルとして再生されるものを答えよ。「.wav」「.bmp」「.jpg」「.mpg」	MPEGの拡張子は「.mpg」で、MPEGには形式が1～4まである。ちなみにMPEG-4とMP4はファイルフォーマットが異なる。 正解 .mpg
画像データを圧縮した後に解凍した場合、元の画像に復元が可能なのは「JPEG」「PNG」のどちらか。	それぞれ非可逆圧縮方式、可逆圧縮方式が使われている。 正解 PNG
色の表現として、テレビやコンピュータのディスプレイにはRGB、プリンターの印刷物にはCMYKが用いられている。プリンターでは黒をはっきり出力するためにK（Key Plate）が加わる。○か×か。	ディスプレイでは、RGBにそれぞれ明るさを256段階設定し、それらに8ビットを割り当てると1画素あたりに合計8 × 3 = 24ビットのデータ量が必要になる。このような画像を24ビットフルカラーという。 正解 ○

用語	意味
167 ★★★ **CMY** 略称 / 語源 Cyan Magenta Yellow	色の3原色といわれるカラーの頭文字を並べたもので、主にプリンターなどによる印刷物や絵の具等で使われる。CMYは、色を加えるほど黒に近づくので減色混合という。
168 ★★★ **RGB** 略称 / 語源 Red/Green/Blue	光の3原色といわれるコンピュータ上で、画像や動画に使われる標準的な色の表現方法のこと。赤緑青の頭文字を取った3色を用いている。RGBは色を加えるほど白に近づくので、加法混色という。
169 ★★★ **dpi** 略称 / 語源 Dots Per Inch	プリンタやスキャナで使われる解像度の単位のこと。
170 ★★★ **fps** 略称 / 語源 Frames Per Second	画面の1秒間に提示されるフレーム（画面の切り替わり）数を表す単位の1つ。
171 ★★★ **スタイル** 略称 / 語源 Style	文字の様式や構成要素の見た目のこと。具体的には、太字、斜体、下線などがある。

例題	解答・解説
シアン・マゼンタ・イエローからなるCMYを光の3原色という。○か×か。	CMYは色の3原色である。光の3原色はR（Red）、G（Green）、B（Blue）である。 正解 ×
パソコンの印刷物の色を表現するために使われるRGBのことを色の三原色という。○か×か。	色の三原色は、CMYが正しい。 正解 ×
1インチ（2.54センチ）の幅の中にどれだけドットを表現できるかを表す単位がdpiである。○か×か。	パソコンのモニター等の解像度は、ppi（pixels per inch）で表される。 正解 ○
1秒間に画面が60回切り替わる場合、その動画のフレームレートは60fpsである。○か×か。	fpsの別名はフレームレートであり、動画の滑らかさを表している。映写機を使っていた頃の映画は24fpsであった。ちなみに、サッカーなどのスポーツ中継は60fpsで観たいところである。 正解 ○
文字のフォントやサイズ、スタイルを工夫することで情報の伝わり方には大きな違いがでる。○か×か。	その文字列がタイトルなのか本文なのかによっても、スタイルを工夫することで、見やすくなったり伝わり方が変わってくる。 正解 ○

2章　コミュニケーションと情報デザイン

用語	意味
172 ★★★ **トリミング** 略称 / 語源 Trimming	写真や画像の中から必要な部分だけを切り取ること。
173 ★★★ **フレームレート** 略称 / 語源 Frame Rate（fps）	画面に1秒間に提示されるフレーム（画面の切り替わり）数を表す単位の１つ。単位は「fps」で表す。
174 ★★★ **ポイント数** 略称 / 語源 Point	文字の大きさ（文字サイズ）や図形の大きさを表すもの。アルファベットでは、「pt」で表す。
175 ★★★ **SDGs** 略称 / 語源 Sustinable Development Goals	持続可能な開発目標のこと。17のゴールと169のターゲットに分かれる。
176 ★★★ **ユニバーサルデザイン** 略称 / 語源 Universal Design	年齢や国籍、性別などと関係なく、全ての人に対して使いやすい製品や環境をデザインすること。

78

例題	解答・解説
画像のサイズを調整して、画像内の必要な部分を見やすくすることをトリミングという。○か×か。	画像のサイズを大きくしたり小さくしたりする技術は、リサイズのことである。 正解 ×
フレームレートが高ければ高いほど動画の解像度が高くなり、画面が明るく見える。○か×か。	フレームレートは単位が fps であり、1 秒あたりのコマ数である。よって、fps が高いと動画が滑らかになるが、解像度や明度に影響するわけではない。 正解 ×
文字の大きさはポイント数によって表されるが、フォントによって若干の差異がある。○か×か。	文字の太さも原則としてフォントによるが、文書作成ファイルによっては同じように pt によって変更できるものもある。 正解 ○
国連加盟国で 2016 年から 15 年間で達成するために掲げた目標のことを SDGs という。○か×か。	SDGs は、「誰一人取り残さない（leave no one behind)」、持続可能でよりよい社会の実現を目指す世界共通の目標である。 正解 ○
ユニバーサルデザインとは、ある製品の規格を世界中で統一することで、どの国でも同じような製品を作れるようにすることである。○か×か。	ユニバーサルデザインは、製品やサービス，交通機関などにおいて、障害の有無などの関係もなく、すべての人が快適に利用できるような環境を提供することを目的としている。 正解 ×

用語	意味
177 ★★★ レイアウト 略称/語源 Layout	データや情報を整理して、見やすく配置すること。
178 ★★☆ AR 略称/語源 Augmented Reality	現実世界を立体的に認識し、仮想的に拡張する技術のこと。拡張現実とも言う。
179 ★★☆ ppi 略称/語源 Pixels Per Inch	1インチあたりのピクセル数のこと。ディスプレイの解像度を表す際に使われる。
180 ★★☆ UDフォント 略称/語源 Universal Design Font	できる限り多くの人が使いやすい、見やすいようなデザインを考慮したフォントのこと。
181 ★★☆ VR 略称/語源 Virtual Reality	仮想空間に人が知覚できるような仮想の現実を作り出すことで、仮想現実ともいう。

例題	解答・解説
見出しに項目番号をつけたり、インデントを用いて文頭をそろえるなど、レイアウトの工夫を行うことで情報が整理されて伝わりやすくなる。○か×か。	図や表を用いる場合には、図○と番号を振ったりすることも効果がある。ヘッダーやフッターの設定もレイアウトの１つである。 正解 ○
ARとは、コンピュータなどによって作り出された仮想的な空間を現実のように体験できる技術である。○か×か。	VRが正しい。VRとARを混合させた技術として、MR（複合現実）というものもある。 正解 ×
1インチ（2.54センチ）の幅の中にどれだけドットを表現できるかを表す単位がppiである。○か×か。	dpiが正しい。ディスプレイの解像度はppi、印刷物の解像度はdpiで表す。 正解 ×
文書作成ソフトにはたくさんのフォント用意されているが、その中でも「UD」という表記が含まれるフォントは、ユニバーサルデザインを考慮したフォントになっている。○か×か。	バリアフリーとユニバーサルデザインは目的と性質が異なるものである。ユニバーサルはあくまで、バリアの有無関係なく、「誰にでも」という目的で用いられるものであることを理解しておきたい。 正解 ×
VRは仮想現実であるので、あくまで娯楽での利用を目的としており、医療現場などで使用することはできない。○か×か。	娯楽のためでなく、様々な現場で利用が拡大しており、特に医療現場での活躍に期待が寄せられている。 正解 ×

用語	意味
182 ★★☆ **解像度** 略称／語源 Resolution	画像を構成するピクセルやドットの密度のこと。解像度が高ければ高いほど、きめ細かく滑らかな画像になることが多い。
183 ★★☆ **画素** 略称／語源 Pixel	画像を構成する最小単位のこと。ピクセルともいう。単位は「px」で1インチあたりのピクセル数は、「ppi」という単位で表す。
184 ★★☆ **仮想現実** 略称／語源 Virtual Reality	仮想空間に人が知覚できるような仮想の現実を作り出すことで、VRともいう。
185 ★★☆ **ゴシック体** 略称／語源 Gothic Script	タテ線ヨコ線の太さが同じで、一般的なフォントよりも目立ちやすい文字フォントのこと。
186 ★★☆ **彩度** 略称／語源 Saturation	色の三要素（色相、彩度、明度）のうちの1つ。色の鮮やかさを表す属性のこと。

例題	解答・解説
次のキーワードの中から解像度を表す単位を答えよ。「pixel」「dpi」「dot」「bps」	ピクセル、画素、ドットはコンピュータで画像を扱う際の最小単位。ピクセルだけでは解像度を表現できない。 正解 dpi
画像における画素の細かさのことを解像度といい、解像度の単位は「ppi」である。○か×か。	画素の明るさにおいて、一番明るい状態と暗い状態までを何段階に分けるかを表す段階数を階調という。 正解 ○
コンピュータグラフィックスなどを使用して、実際にその世界にいるような物体や空間を構成する技術のことを仮想現実という。○か×か。	仮想現実を体験するために、現代ではVRゴーグルなどが用いられていることが多い。 正解 ○
文字の量が多い説明文章やレポートなどは、目立ちやすいフォントであるゴシック体を用いて記述すると良い。○か×か。	全ての文字が目立ちやすくなってしまうと読みづらくなる。基本的には、游明朝体などの読みやすいフォントを用いたい。 正解 ×
色みが明瞭なものは彩度が高く、くすんだ色は彩度が低くなる。○か×か。	はっきりした色は彩度が高く、ぼやけた色は彩度が低い。ある画像において色相と明度が同じ値であるとき、彩度が高いと鮮明に見える。 正解 ○

用語	意味
187 ★★☆ 色相 略称／語源 Hue	色の三要素（色相、彩度、明度）のうちの1つ。赤、青、緑などの色合いのこと。
188 ★★★ 情報デザイン 略称／語源 Information Design	必要な情報を効果的に受け手に伝達できるように、情報をわかりやすく整理する手段の1つ。情報バリアフリー、ユニバーサルデザイン、アクセシビリティ、ユーザビリティ、ユーザインターフェースなどが含まれる。
189 ★★☆ ダイアグラム 略称／語源 Diagram	情報デザインにおける図形のこと。スライドやポスターなどにおいて、文字だけでは伝わりづらい物事の流れや関係性を分かりやすく表現できる。
190 ★★☆ 展開 略称／語源	データを圧縮したファイルに対して逆変換を行い、元の状態に復元すること。解凍、伸長ともいう。
191 ★★☆ 電子すかし 略称／語源 Digital Watermark	画像や音声ファイルにおいて、著作権者名などのすかしを組み込むことで不正な画像コピー等を防ぐ仕組みのこと。

例題	解答・解説
色相を環状に配置したものを色相環といい、これは異なる色同士の相対的な関係性を表現することができる。〇か×か。	色相環において向かい合っている色を補色、隣り合った色を類似色という。 正解 〇
情報デザインを意識することで、情報の伝わり方も大きく変化して最終的には情報格差を減らすことに繋がる。〇か×か。	年齢や国籍、身体能力に関係なく、全ての人が生活しやすい環境を提供するために、情報デザインを学んでおこう。 正解 〇
ダイアグラムとは、データフロー図やフローチャートなどの視覚資料における図形のことである。〇か×か。	グラフや図形などは視覚資料において積極的に使うと良いが、それだけになってしまうと主旨が伝わりづらくなるので、バランスよく利用することが適切である。 正解 〇
展開と伸張と解凍は概ね同じような意味合いとして、圧縮されたファイルを元の状態に戻すことを示す。〇か×か。	展開または解凍と表現することが一般的に大多数であるが、どれも大事な言葉であるので、よく理解しておきたい。 正解 〇
電子すかしとは、画像データに著作権者の情報などを画像の背景に透かして見える状態にして不正なコピーを防止するものである。〇か×か。	画像の背景に直接透かしとして表示するものではなく、ファイルに情報を埋め込むことである。なお、透かしが画像や音質に影響することはほとんどない。 正解 ×

用語	意味
192 ★★☆ ピクセル 略称 / 語源 Pixel	コンピュータで画像を表現する際の最小単位のこと。画素ともいう。
193 ★★☆ 明度 略称 / 語源 Brightness	色の三要素（色相、彩度、明度）のうちの1つで、明るさを表す属性のこと。白が最も明るく、黒が最も暗い。
194 ★★☆ レタッチ 略称 / 語源 Retouching	画像を効果的に見せるために、色合いを整えたり、必要な部分を切り抜いたりして編集すること。
195 ★☆☆ アウトライン 略称 / 語源 Outline	プレゼンテーションにおける内容構成のうち、いくつかの項目を書き出して一覧として表示したもの。
196 ★☆☆ 色覚バリアフリー 略称 / 語源	人によって色のとらえ方には多様性があり、誰もが同じように色を識別できるわけではなく、それらの障壁を解消していくために配慮をしていくこと。

例題	解答・解説
とある画像ファイルを解像度300 × 450 ピクセルから解像度 100 × 150 ピクセルに変更したとき、必要な記憶容量は何分の一になるか。	それぞれ三分の一になっているので、かけ算して九分の一となる。 **正解** 九分の一
明度が高ければ高いほど明るい色になり、逆に低いと黒っぽくなる。〇か×か。	黄色系は明度が高く、青色系は低くなりやすい。 **正解** 〇
画像の一部分を切り抜くトリミングは、画像のレタッチの手法のうちの 1 つである。〇か×か。	レタッチには専用のソフトなどを用いることが多い。AI を用いて自動的に修正したり、切り抜いた部分の背景を埋める技術もある。 **正解** 〇
スライドによるプレゼンテーション資料を作成するために、あらかじめ用意されているスライドイメージのことをアウトラインという。〇か×か。	問の内容はデザインテンプレートのことである。Microsoft PowerPoint、Google Slides にはアウトラインの自動生成機能がある。 **正解** ×
情報デザインにおいて、背景や文字色を決めるときには多様性を意識して見やすいカラーの組み合わせを考えることが望ましい。〇か×か。	色に頼らないデザインを心がけ、情報をより多くの人に、平等に伝えよう。 **正解** 〇

用語	意味
197 ★☆☆ **シグニファイア** 略称／語源 Signifier	その場所や物体に対して、適切な行動を示してくれるような情報デザインのこと。
198 ★☆☆ **ジャギー** 略称／語源 Jaggy	ペイント系ソフトウェアなどで描いた画像を拡大したときに、その画像に発生するギザギザした乱れ（ノイズ）のこと。
199 ★☆☆ **タイトル（キャプション）** 略称／語源 Title/Caption	図や表、書籍などの上部に表示される見出しや説明文のこと。
200 ★☆☆ **ピクトグラム** 略称／語源 Pictogram	ユニバーサルデザインの１つで、情報や案内を単純化された絵文字やイラストで表したもの。
201 ★☆☆ **ヘッドマウントディスプレイ** 略称／語源 Head-Mounted Display	VR（仮想現実）やAR（拡張現実）を利用する際に、身体に装着するデバイスのこと。

例題	解答・解説
情報を言葉ではなく、分かりやすいシンプルな絵で伝えるような視覚記号をシグニファイアという。○か×か。	ピクトグラムのことである。シグニファイアは行動を示唆するようなデザインのことであり、絵などの視覚記号とは異なる。 正解 ×
デジタル化された画像における線や輪郭上に現れるギザギザのことを「ジャギー」という。○か×か。	自分で撮影した画像でも、拡大していくと、斜めの線や輪郭に階段状のノイズを確認できる。 正解 ○
図や表などの性質を一目で見てわかりやすくするデザインの１つとして、タイトルを設定すると良い。○か×か。	レイアウトを考えるうえで、タイトルは文字の大きさやフォントを変えたりするなどして、本文や表の内容と比較して目立ちやすいようにすると効果的である。 正解 ○
公共施設にあるトイレの男女マークや非常口マークなどはピクトグラムの一種である。○か×か。	病院、警察、身障者用設備、手荷物一時預かり所、コインロッカー、エレベーター、くず入れなど身の回りには多くのピクトグラムがある。 正解 ○
仮想現実は機械無しに人を知覚することができないため、ヘッドマウントディスプレイを使うなどして、人工的に知覚できる環境を整える必要がある。○か×か。	用途はゲームだけでなく、遠隔操縦、遠隔手術、不動産の内覧、運転練習など多岐にわたる。 正解 ○

用語	意味
202 ★★★ **CUI** 略称 / 語源 Character User Interface	コンピュータへの命令をコマンドによる文字入力によって伝える。また、コンピュータからの情報を文字によって表示する。
203 ★★★ **GUI** 略称 / 語源 Graphical User Interface	コンピュータへの命令をモニターに視覚的に表示し、マウスやタッチパネルなどで直感的に操作できるようにするためのインターフェースのこと。
204 ★★★ **アイコン** 略称 / 語源 Icon	コンピュータなどを画面上で操作しソフトウェアを起動するときなどにクリックする画像のこと。アイコンはそのソフトウェアの特徴が一目で分かるような画像で作られることが多い。
205 ★★★ **ユーザインタフェース** 略称 / 語源 User Interface	ユーザがコンピュータ等への入力をするときに、実際に表示される画面や入力方式の操作感のこと。
206 ★★☆ **ユーザエクスペリエンス** 略称 / 語源 User Experience	システムやサービスを利用することで、ユーザが得られる体験や経験のことをいう。UXと表記することもある。

例題	解答・解説
アイコン表示された情報をマウス等で操作する方法をCUIという。○か×か。	これはGUIが正しい。初期のコンピュータではCUIが使われていることが多かったが、直感的に操作することが難しいため、GUIのほうが多く利用されている。 **正解** ×
GUIとはコンピュータへの命令を、コマンドによる入力で行うことである。○か×か。	CUIが正しい。一般向けのコンピュータへは、1984年Apple社による「Macintosh」ではじめてGUIが搭載された。 **正解** ×
アイコンなどをクリックすることで、パソコンに指示や命令を出して操作する手法をなんというか。	アイコンはグラフィカルユーザーインターフェース（GUI）の主役であり、操作を画像や図形で提示する。 **正解** GUI
Webサイトやシステムなどの使いやすさを向上させるためには、利用者の心理や認知に配慮したユーザインタフェースを心がける。○か×か。	ゲームへの没入感を高めるための操作ハンドルやゴーグル、音声入力などもユーザインタフェースの1つである。 **正解** ○
ユーザに選ばれる製品やサービスを提供するためには、サービスの機能や価格だけでなく、ユーザエクスペリエンスまで考えることが大切である。○か×か。	ユーザエクスペリエンスを高めるためには、ビジュアルデザインやユーザインタフェースが大きく影響する。ユーザビリティと意味合いが似ているが、使い勝手の良さだけでなく、使ったときの心地よさまで重視することがポイントである。 **正解** ○

用語	意味
207 ★★☆ ユーザビリティ 略称 / 語源 Usability	特定のユーザに対して、機器やシステムを便利に効果的に使える状態のこと。「利用しやすい」という意味をもつ。
208 ★★★ AND 検索 略称 / 語源	情報を検索する際に、複数の条件をいずれも満たすような検索を指定する方法のこと。
209 ★★★ NOT 検索 略称 / 語源	情報を検索するときに特定のキーワードを含まない検索を指定する方法のこと。
210 ★★★ OR 検索 略称 / 語源	情報検索で複数のキーワードのうち、いずれかを含む検索を指定する方法のこと。
211 ★★★ BCC 略称 / 語源 Blind Carbon Copy	メールの内容を共有する際に設定することができる。送信者以外の誰に送信されているかの情報は表示されない形式のこと。

例題	解答・解説
ユーザインタフェースが向上することで、機器やシステムが使いやすくなり、ユーザビリティが向上することにつながる。〇か×か。	ユーザビリティとアクセシビリティは似たような意味合いで使われる。ユーザビリティはユーザの状態や性質に細かい決まりがあり、その対象となる人の使いやすさ向上を目的とする。アクセシビリティはどのような人に対しても使いやすい状況を目的としている。 **正解** 〇
条件AとBの両方を満たすような検索をする場合はOR検索を用いると良い。〇か×か。	この問題の場合はAND検索を用いる。一般的な検索サイトでは、「AND」の代わりに「スペース」や「+」を用いることができる。 **正解** ×
特定のキーワードを除いた検索結果を表示する場合は、NOT検索を用いると良い。〇か×か。	一般的な検索サイトでは、「NOT」や「－」を用いる。 **正解** 〇
複数のキーワードのうち、いずれかの検索結果を表示する場合は、OR検索を用いると良い。〇か×か。	一般的な検索サイトでは、「OR」や「|」を用いる。「スペース」はAND検索に用いる。 **正解** 〇
複数の相手にメールを一斉に送信したいが、誰に送信したのかを公開したくない場合にはBCCを使う。〇か×か。	BCCのBはBlind（目隠し）を表しており、受信者の情報が隠れる様子を表している。BCCに入れるべきアドレスをCCに入れて配信するミスが散見されるが、あってはならないことである。 **正解** 〇

用語	意味
212 ★★★ CC 略称 / 語源 Carbon Copy	メールの内容を共有する際に設定することができ、送信者以外に誰に送信されているかの情報が表示される形式のこと。
213 ★★★ コミュニケーション 略称 / 語源 Communication	意見や情報などを相手に伝えたり、互いに交換し合った情報を理解したり、共有したりすること。
214 ★★☆ 同期型コミュニケーション 略称 / 語源	リアルタイムに行われるコミュニケーションのこと。電話やビデオチャットなどがあげられる。
215 ★★☆ 非同期型コミュニケーション 略称 / 語源	リアルタイムではなく、それぞれが都合の良いタイミングで通信を行うコミュニケーションのこと。メールやメッセージアプリなどがあげられる。
216 ★★★ 電子メール 略称 / 語源 E-Mail	通信ネットワークを介して、情報機器間で文字等をやり取りする際に使われるシステムのこと。

例題	解答・解説
CC は、複数の相手にメールを一斉に送信する際に、受信者にも誰に送信したのかを公開したい場合に使う。○か×か。	送信者（To）を設定した上で、CC を設定する必要がある。連絡先を公開したくない場合には、BCC を使うと良い。 正解 ○
コミュニケーションは、発信者1人に対して受信者が1人のような1対1の場合にのみ成り立つ。○か×か。	「発信者 1：受信者多」や「発信者多：受信者1」「発信者多:受信者多」でも成り立つ。「発信者 1:受信者多」の場合はマスコミ型、「発信者多：受信者 1」は逆マスコミ型、「発信者多：受信者多」は会議型と呼ばれる。 正解 ×
同期型と非同期型のコミュニケーションの違いは、リアルタイムで行われるか否かである。○か×か。	リアルタイムでなく、反応がすぐにわからないコミュニケーションを非同期型コミュニケーションという。メールがこれにあたる。 正解 ○
次の中から非同期型コミュニケーションを１つ選べ。「双方向型オンライン授業」「録画した動画」「WEB 会議」「ライブ配信」	リアルタイムで反応があるか否かが同期型・非同期型の判断の基準となる。 正解 録画した動画
メールの送受信に使われる POP や SMTP、IMAP はルータの種類のことを表している。○か×か。	ルータの種類ではなく、プロトコルの種類を表している。詳細は各項目を参照。 正解 ×

用語	意味
217 ★★★ メールアドレス 略称／語源 Mail Address	電子メールを送受信するときの宛先、住所のこと。ユーザ名@ドメイン名で構成される。
218 ★★★ メッセージアプリ 略称／語源 Message Application	自分と相手のやり取りを相互に表示し、チャット形式でコミュニケーションを行うアプリのこと。
219 ★★★ メディア 略称／語源 Media	情報を伝える中間的な存在のこと。「情報メディア」「伝達メディア」「表現メディア」に分けられる。
220 ★★☆ 表現メディア 略称／語源	音声や映像、文字など、伝えたいことを表現するためのメディアのこと。
221 ★★☆ 引用 略称／語源 Quotation	他者が作成した論文や文章を、自分の文章にそのまま用いること。

例題	解答・解説
メールアドレスにおける「@」より後ろの部分は、トップレベルドメインといわれる。○か×か。	トップレベルドメインは、「.jp」などの最も大きい部分を表す。メールアドレスの場合、@以降がトップレベルドメインだけになることはあり得ない。 正解 ×
メッセージアプリに知り合いの名前からメッセージが送られてきた場合、なりすましの心配はない。○か×か。	メッセージアプリは誰がなりすましを行っているかわからないので、注意してやり取りする必要がある。無料通話が行えるアプリも多いので、気をつけなければならない。 正解 ×
「友人への連絡事項を、手書きの手紙を渡すことによって伝達した。」この場合の手紙はデジタルではないので、メディアとはいえない。○か×か。	メディアは情報を伝達する中間的存在であるので、デジタルか否かは関係ない。古代エジプトの象形文字も伝達メディアのうちの１つである。 正解 ×
映像などを配信する電波や電線などは、表現メディアの一例である。○か×か。	表現メディアは文字や図、動画などのことであり、それらを伝達する電波や電線などは伝達メディアの１つである。 正解 ×
著作物の引用は、法律に定める条件を満たしていれば著作権者の許諾を得ることなく使用してもよい。○か×か。	出所の明示、公正な範囲内など、引用が認められる条件をしっかり把握しておくことが大事である。 正解 ○

用語	意味
222 ★★★ **参考文献** 略称 / 語源 References	自分の考えや意見をまとめるために参考にした他者が作成した論文や文章、文献のこと。
223 ★★☆ **プッシュ型** 略称 / 語源 Push	利用者が能動的な操作や行動を行うことなく、提供する側から自動的に行われるサービスのこと。プッシュ型メールなどが例としてあげられる。
224 ★★☆ **プル型** 略称 / 語源 Pull	利用者が能動的に操作や行動を行い、特定の情報にアクセスして情報を得る形のこと。プル型コミュニケーションともいう。
225 ★★☆ **メーラ** 略称 / 語源 Mailer	メールの作成や送受信を行うことができるソフトウェアのこと。メールソフトウェアともいう。
226 ★★☆ **要約文（ダイジェスト）** 略称 / 語源 Digest	特定のアルゴリズムによって、平文を圧縮して生成される元より短い文のこと。

例題	解答・解説
自分の論文を作成するために、他者が作成した論文の一部分をそのまま載せた。そこで参考文献として明記した。○か×か。	そのまま掲載する場合は「引用」となる。引用は、参考文献として掲載するよりも配慮すべきことが多い。 **正解** ×
自らの意志で、Web サーバー上のメールアプリケーションにアクセスして情報を得ることをプッシュ型のコミュニケーションという。○か×か。	プル型コミュニケーションの例である。プッシュ型は、受信時に自動的に情報が表示される場合のことである。プル型とプッシュ型の違いをよく理解しておきたい。 **正解** ×
スマートフォンにインストールした SNS アプリに新着メッセージが表示された。これはプル型コミュニケーションである。○か×か。	利用者の意志によって表示させたものではないので、プッシュ型コミュニケーションである。プル型は自分から情報を表示させる必要がある。 **正解** ×
パソコンにメーラをインストールしたときに、メールの作成と送受信を行うためには SMTP や IMAP などのプロトコルを設定する必要がある。○か×か。	メーラのインストールだけで使えるわけではなく、送受信のプロトコルが必要になる。 **正解** ○
平文を 2、3 文字変更する程度であれば、要約文は同じものが生成される。○か×か。	要約文は 1 文字でも異なると別のものが生成される。なお、要約文から平文に戻すことは絶対にできない。 **正解** ×

用語	意味
227 ★★★ **ブレーンストーミング** 略称／語源 Brainstorming	問題解決やアイディアを生み出す発想手法の1つ。複数のメンバーで自由に意見を出し合う形で行われる。
228 ★★☆ **マインドマップ** 略称／語源 Mindmap	アイディアや思考などの流れを中心となる言葉から、放射状に伸ばした線で繋げて言葉を記述していく視覚的な発想整理法の1つ。
229 ★★☆ **ペルソナ法** 略称／語源 Persona	モデリング手法のうちの1つで、具体的なユーザを想像して、ユーザ視点の立場からサービス開発を行うこと。
230 ★★☆ **メディアリテラシー** 略称／語源 Media Literacy	メディアからの情報を主体的に読み解いたり、情報を見極める能力のこと。
231 ★☆☆ **トレードオフ** 略称／語源 Trade Off	1つの要素が改善すると、ほかの要素の状態が悪くなること。「両立できない関係性」を表す。

例題	解答・解説
問題の解決案を見つけるための手法の1つで、キーワードや解決策を質より量を意識して自由にたくさん出していく発想法をブレーンストーミングという。〇か×か。	ブレーンストーミングで出た案をKJ法などを使ってさらに整理していくことで、問題解決に繋げていく。 正解 〇
アイディア整理法の1つで、中心となる言葉から派生する単語を書き並べて、人が頭の中で行う思考をマップのように書き出すような図のことをマインドマップという。〇か×か。	マインドマップを描くためのツールが公開されている。最近ではAIを利用して作成するものもある。 正解 〇
ターゲットとする人物を詳細に設定し、ある商品のマーケティングの手法がその人物に対して有効かどうか判断するモデリング手法をペルソナ法という。〇か×か。	日常的に使用する「ターゲット」と意味合いが似ているが、ペルソナのほうが人物像の詳細な設定（個人情報だけでなく、趣味や嗜好、性格のレベルまで考慮することもある）を行うニュアンスが含まれている。 正解 〇
メディアからの情報の信頼性には注意を払って、時にはその情報を受け入れないこともメディアリテラシーの1つである。〇か×か。	メディアによる情報伝達の過程で、正確さや意味合いが変化することはよくあるので、常に注意を払って情報を見極めることが大切である。 正解 〇
1つの要素を改善することで、ほかの要素も同時に改善されていくことを「トレードオフ」という。〇か×か。	二律背反の関係性であり、ほかの要素は悪化していく状態になることがトレードオフである。 正解 ×

用語	意味
232 ★☆☆ ルーブリック 略称/語源 Rublic	ルーブリックとはプレゼンテーションに対する評価のように、点数化しにくいものを評価する際に、1つの観点から評価するのではなく、多様な観点から数段階に分けた基準に基づく評価を行うための評価方法のこと。

例題	解答・解説
ルーブリックを用いると、評価者による評価の偏りを少なくできる。○か×か。	教育現場だけでなく、企業の人材育成の場でも使われる。先生と生徒がルーブリックを共有し、目指すところを一致させる。 正解 

3章の用語一覧

CPU
SSD
アクチュエータ
記録メディア
メインメモリ
主記憶装置
演算装置
出力装置
制御装置
中央処理装置
入力装置
補助記憶装置
キャッシュメモリ
フラッシュメモリ
レジスタ
センサー
ハードウェア
ドライバ
クロック信号
クロック周波数
論理回路
否定回路
論理積回路
論理和回路
否定論理積回路
否定論理和回路
XOR
AD コンバータ
LED
MIPS
インタフェース
発光ダイオード
マルチコア CPU
OS
基本ソフトウェア
応用ソフトウェア
デバイスドライバ
絶対パス
相対パス
スタンドアロン
アップデート
設計（基本設計）
API
コマンド
リストア
リカバリ
モデル化
確定的モデル
確率的モデル
静的モデル
動的モデル
物理モデル
論理モデル
HTML
スタイルシート
マークアップ
タグ
JavaScript
アルゴリズム
基本制御構造
プログラム
オブジェクト指向プログラミング
クラス
インスタンス
オブジェクト
コーディング
ソースコード
引数
戻り値
マクロ
乱数
インデント
高水準言語
低水準言語
スクリプト言語
制御文
比較演算子
変数
変数名
グローバル変数
ローカル変数
演算子
空文字列（ヌル文字列）
機械語
構造化定理
真理値表
制御コード
選択構造
相対参照
絶対参照
デフォルト
ネスト
分岐構造
状態遷移図
スパイラル開発
アジャイル開発
ウォーターフォール開発
フローチャート
アクセス権
アクセス制御
アドミニストレーター
DNCL
拡張子
プロパティ
アクティビティ図
オートフィル
ガントチャート
オープンソース
文法エラー
論理エラー
構文エラー
実行時エラー
バグ
探索
線形探索
二分探索
バブルソート
基本交換法
ENIAC
AI
人工知能
シミュレーション
シンギュラリティ
深層学習
ディープラーニング

コンピュータとプログラミング

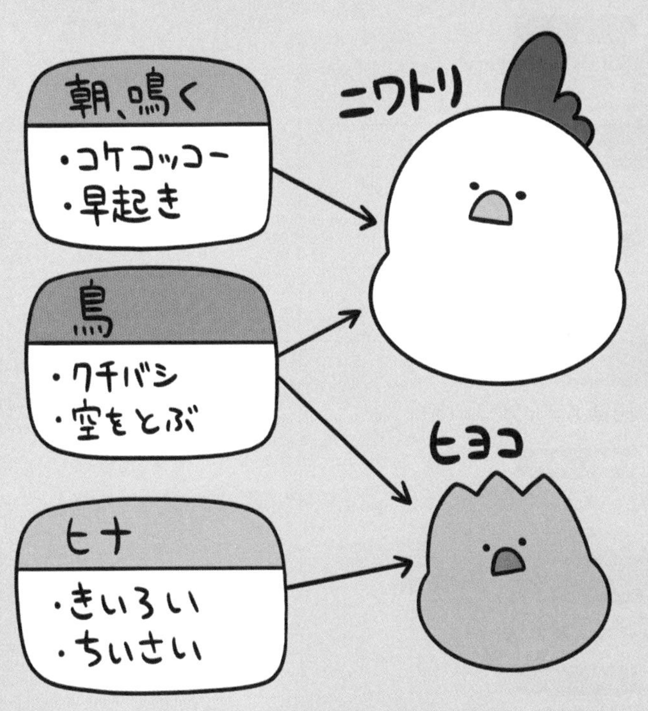

オブジェクト指向

用語	意味
233 ★★★ CPU 略称／語源 Central Processing Unit	ソフトウェアや周辺機器から発出される命令を処理し、別の周辺機器を制御する中央演算処理装置のこと。
234 ★★★ SSD 略称／語源 Solid State Drive	データを記録するための装置のこと。HDD（ハードディスク）は円盤に磁気式で読み書きを行うが、SSD はメモリー IC を媒体とした記録を行うので、処理速度も速い。
235 ★★★ アクチュエータ 略称／語源 Actuator	電圧などの電気信号をエネルギーに変換して出力する装置のこと。
236 ★★★ 記録メディア 略称／語源	フラッシュメモリ、HDD などの情報を記録・保持できる装置や部品のこと。
237 ★★★ メインメモリ 略称／語源 Main Memory	CPU が直接アクセスして書き込みをすることができる記憶装置のこと。主記憶装置ともいう。

例題	解答・解説
パソコンの演算処理など中心的役割を担っている装置をCPUという。○か×か。	別名をプロセッサーといい、パソコン性能の高さに直結している。 正解 ○
HDDと同じくデータ記録装置で、衝撃に強く、読み書きの速度が速いメモリーICを用いたストレージをSSDという。○か×か。	HDDはSSDに置き換わりつつある。ただし、HDDの方が大容量を実現しやすいため両方を搭載するパソコンもある。 正解 ○
モーターとは電力エネルギーを運動エネルギーに変換する電動機のことであるが、これはアクチュエータのうちの1つである。○か×か。	スマートフォンのバイブレータやスピーカーもアクチュエータの1つである。 正解 ○
紙はデジタル製品ではないため、記録メディアとして扱うことはできない。○か×か。	紙も情報の記録・保持は可能であり、記録メディアとして扱われる。 正解 ×
主記憶装置上のデータは、電源の供給がなくなると消失してしまう揮発性をもっている。○か×か。	主記憶装置上で処理を行ったのち補助記憶装置などに保存することで、データを不揮発性にして保存することができる。 正解 ○

用語	意味
238 ★★★ **主記憶装置** 略称／語源 Main Memory	CPUが直接アクセスして書き込みをすることができる記憶装置のこと。メインメモリともいう。
239 ★☆☆ **演算装置** 略称／語源 Arithmetic Unit	コンピュータの構成要素の1つで、数値の計算などの演算を担う装置のこと
240 ★★★ **出力装置** 略称／語源 Output Device	コンピュータで行った演算の結果を出力する装置のこと。ディスプレイやスピーカーなどがあげられる。
241 ★★★ **制御装置** 略称／語源 Control Unit	コンピュータを構成する様々な装置を制御する装置のこと。演算装置と合わせて中央処理装置（CPU）という。
242 ★★★ **中央処理装置** 略称／語源 Central Processing Unit	ソフトウェアや周辺機器から発出される命令を処理し、別の周辺機器を制御する中央演算処理装置のこと。CPUともいう。

例題	解答・解説
コンピュータが実行するプログラムは主記憶上で動作させる必要がある。○か×か。	補助記憶装置に保存されているプログラムも実行時には主記憶上に移す。主記憶装置上で保存せずに通電を止めてしまうと、そのデータが失われてしまうことに注意が必要である。 正解 ○
演算装置は CPU に内蔵する論理回路のうちの 1 つである。○か×か。	コンピュータの 5 大装置「入力」「出力」「制御」「演算」「記憶」のうちの1つである。 正解 ○
演算した結果やデータを印刷する場合、出力装置には演算装置から命令が出される。○か×か。	演算した結果やデータであっても、演算装置から直接命令が出るわけではなく、制御装置から命令が出力される。 正解 ×
コンピュータを構成する様々な装置に演算命令や出力命令を出す装置を命令装置という。○か×か。	制御装置が正しい。コンピュータの5大装置（入力、出力、演算、制御、記憶）のうちの1つである。 正解 ×
32bitCPU と 64bitCPU の違いは、CPU が一度に処理できるデータ長が異なる点である。○か×か。	64bit のほうが多くのデータ長を一度に処理することができる。 正解 ○

用語	意味
243 ★★★ **入力装置** 略称 / 語源 Input Device	コンピュータに対して指示を出したりデータを入力するための装置のこと。キーボードやマウスなどがあげられる。
244 ★★★ **補助記憶装置** 略称 / 語源 Auxiliary Memory	記憶装置のうち、主記憶装置以外の部分のこと。具体的には、SSDや HDD、フラッシュメモリがあげられる。
245 ★★☆ **キャッシュメモリ** 略称 / 語源 Cache Memory	CPU とメモリの間にある記憶装置のこと。アクセスする頻度の高いデータや命令を CPU より近い位置に保存することで、処理速度を向上することができる。
246 ★★☆ **フラッシュメモリ** 略称 / 語源 Flash Memory	データの読み書きができる記録媒体のこと。電源を切っても記録されたデータが消失することはない。
247 ★★★ **レジスタ** 略称 / 語源 Register	CPU に内蔵されている高性能な演算、記憶装置のこと。計算中のデータなどを一時記憶したりすることに使われる。

例題	解答・解説
スマートフォンにおけるタッチパネルは入力装置の1つである。〇か×か。	タッチパネルによって、コンピュータに指令や文字の入力を行うため、入力装置といえる。 **正解** 〇
補助記憶装置とは、データを永続的に保存したい、かつ主記憶装置が容量オーバーのときに補助的に使う記憶装置である。〇か×か。	主記憶装置は電源を切るとデータが保存されないため、永続的に残しておきたいデータは補助記憶装置に保存する。よって、主記憶装置が容量オーバーの際、補助的に使うという説明は誤りである。 **正解** ×
キャッシュメモリとは主記憶装置の中に搭載されているメモリであり、アクセス頻度の高いデータを一時保存して、通常よりも早いデータ処理を行えるようにするものである。〇か×か。	主記憶装置の中に搭載されるのではなく、CPUと主記憶装置の間に配置される。CPUによってはキャッシュメモリが複数搭載されている場合もあり、CPUに近い順に1次キャッシュ、2次キャッシュという。 **正解** ×
USBメモリにおいて、データを読み込みするときにライトが点滅するメモリのことをフラッシュメモリという。〇か×か。	USBメモリはフラッシュメモリの中でUSBの端子をもつメモリのことであり、点滅するからフラッシュメモリであるわけではない。 **正解** ×
CPU内部にある高速で演算処理が可能な装置であり、演算や制御に関わるデータを一時的に記憶するのに用いられるものをレジスタという。〇か×か。	レジスタを知るとCPUの細かな動きが分かってくる。難しいから名前くらいは覚えておこう。 **正解** 〇

用語	意味
248 ★★★ センサー 略称 / 語源 Sensor	音、熱、温度、光などの様々な情報を検知し、デジタルデータに変換して出力する装置のこと。
249 ★★★ ハードウェア 略称 / 語源 Hardware	コンピュータを構成する要素のうち、物理的に存在する回路や周辺機器などのこと。
250 ★★☆ ドライバ 略称 / 語源 Driver	コンピュータに繋がっている周辺機器などを正常に動作させるためのプログラムのこと。
251 ★★☆ クロック信号 略称 / 語源 Clock Signal	コンピュータ内部の装置どうしが動作タイミングを合わせるために利用する信号のこと。
252 ★☆☆ クロック周波数 略称 / 語源 Clock Frequency	発振器によって1秒間に何回クロック信号が生成されるかを表したもの。単位はHzを用いる。

例題	解答・解説
センサーとは、IoT デバイスのうちの1つで電圧や空気圧をエネルギーに変換して出力する装置のことである。○か×か。	アクチュエータのことを表している。IoT デバイスではあるが、エネルギーに変換する装置ではない。 正解 ×
コンピュータのハードウェアの5大装置とは、「入力」「出力」「演算」「記憶」「制御」装置のことである。○か×か。	パソコン、モニター、プリンター、キーボード、マウスのこと。物理的な設備や施設、車両を指すこともある。 正解 ○
プリンタードライバをインストールした場合、メーカーや機種を問わずプリンターを使用することができる。○か×か。	ドライバは機器ごとに種類が異なっており、原則としてその機器にあったドライバをインストールする必要がある。 正解 ×
クロック信号がない場合、複数の装置の動作タイミングがあわず、高速でデータの送受信を行うことが困難になる。○か×か。	スマートフォンの中でも使われている。例えば、プロセッサと無線通信用 IC との間でもクロック信号が用いられる。 正解 ○
クロック周波数が高いほどCPU の処理回数も多くなり、データの処理速度も速くなる。○か×か。	最近のパソコンのクロック周波数は 2G ～4GHz。なお、パソコンの性能はクロック周波数だけでは決まらないことに注意しよう。 正解 ○

用語	意味
253 ★★★ 論理回路 略称 / 語源 Logic Circuit	コンピュータにおける演算や制御を、0と1という2つの信号に基づき行う回路のこと。
254 ★★☆ 否定回路 略称 / 語源 NOT 回路	1つの入力に対して1つの出力を行う回路で、入力した信号とは逆の値を出力する回路のこと。
255 ★★☆ 論理積回路 略称 / 語源 AND 回路	2つの与えられた命題に対して、両方とも真のときに真を、そうでない場合に偽を出力する回路のこと。
256 ★★☆ 論理和回路 略称 / 語源 OR 回路	2つの与えられた命題に対して、どちらか一方でも真であれば真を出力する回路のこと。
257 ★☆☆ 否定論理積回路 略称 / 語源 NAND 回路	2つの与えられた命題に対して、両方とも真のときに偽を、そうでない場合に真を出力する回路のこと。

例題	解答・解説
次の中で論理回路に存在しないものを答えよ。「AND 回路」「XOR 回路」「NOR 回路」「IF 回路」	論理回路に IF 回路は存在しない。存在するそれぞれの回路について、真理値表をもとに、何が出力されるのか読み取れるようにしておきたい。 **正解** IF 回路
否定回路に 1 を入力した場合、出力されるのは「0」である。○か×か。	巻末の否定回路の真理値表を参照。 **正解** ○
2 つの命題のうち両方が偽のとき、論理積回路では真が出力される。○か×か。	巻末の論理積回路の真理値表を参照。 **正解** ×
2 つの命題のうち片方でも真のとき、論理和回路では真が出力される。○か×か。	巻末の論理和回路の真理値表を参照。 **正解** ○
2 つの命題のうち両方が真のとき、否定論理積回路では偽が出力される。○か×か。	巻末の否定論理積回路の真理値表を参照。 **正解** ○

用語	意味
258 ★☆☆ 否定論理和回路 略称 / 語源 NOR 回路	2つの与えられた命題に対して、両方とも偽のときに真を、そうでない場合に偽を出力する回路のこと。
259 ★★☆ XOR 略称 / 語源 Exclusive Or	排他的論理和のこと。2つの命題のうち片方だけが真であるときに真となる。両方真または両方偽なら偽となる。
260 ★☆☆ AD コンバータ 略称 / 語源 Analog To Digital Converter	アナログからデジタルに変換する回路部品の1つ。
261 ★☆☆ LED 略称 / 語源 Light Emitting Diode	発光ダイオードといわれる半導体素子のこと。
262 ★☆☆ MIPS 略称 / 語源 Million Instructions Per Second	1秒間に何百万回の命令を実行できるかを表す値で、コンピュータの処理速度を表す単位のこと。

例題	解答・解説
2つの命題のうち両方が偽のとき、否定論理和回路では真が出力される。○か×か。	巻末の否定論理和回路の真理値表を参照。 **正解** ○
二つの命題がともに真であるときに、偽を返す論理演算はXORである。○か×か。	両方とも真であるときに偽を返すところがポイントである。 **正解** ○
ADコンバータは、アナログとデジタルを変換するためのソフトウェアの1つである。○か×か。	ADコンバータは、回路部品の1つでありハードウェアに分類される。スマートフォンにも搭載されている。通話の際にはAD変換した音声をパケットに乗せて送る。 **正解** ×
LED照明は白熱電球や蛍光灯に比べて長時間利用できる。○か×か。	電飾トラックや遊園地などの派手な点滅はLEDによるものが主流である。 **正解** ○
2.5MIPSの場合、コンピュータが1秒間に処理できる命令の回数はいくつか。	BIPSという単位もある。この場合は、Billionであるから1秒間に何十億回の命令を実行できるかを表す。 **正解** 250万回

用語	意味
263 ★★★ インタフェース 略称／語源 Interface	情報機器を相互接続するための規格のこと。例えば、コンピュータとプリンタやキーボードなどを接続するときは、USB インタフェースや無線が利用されることが多い。
264 ★☆☆ 発光ダイオード 略称／語源	半導体素子から作られ、電圧を加えると光を発生させる特性をもったもの。
265 ★☆☆ マルチコア CPU 略称／語源 Multi Core Cpu	CPU の中核で処理を担っているコアを複数個持っている CPU のこと。
266 ★★★ OS 略称／語源 Operating System	システム全体の基本的な管理や制御を行いつつ、様々なアプリケーションなどを動かすための基本ソフトウェアのこと。
267 ★★★ 基本ソフトウェア 略称／語源 Operating System	システム全体の基本的な管理や制御を行いつつ、さまざまなアプリケーションを動かすために必要なソフトウェアのこと。基本ソフトウェアの例として、マイクロソフト社の「Windows」、アップル社の「MacOS」などが挙げられる。OS ともいう。

例題	解答・解説
接点、境界面といった意味があり、情報機器同士を相互に結ぶ規格のことをインタフェースという。○か×か。	「GUI」「CUI」などのインタフェースに関連する用語と合わせて、理解しておきたい。 正解 ○
LED照明は白熱電球に比べて寿命が長いが、消費電力が多いのがデメリットである。○か×か。	LEDは消費電力も少なくなる。デメリットは熱に弱いなどがあげられるが、圧倒的にLEDが優位であるため、世界的に置き換わりが進んでいる。 正解 ×
マルチコアCPUとは、1台のコンピュータにCPUが複数個搭載されているもののことをいう。○か×か。	CPUではなく、CPUのコアが複数あること。2つのコアの場合はデュアルコアという。処理能力もデュアルコアの場合、より速くなる。 正解 ×
OSの役割としては、ソフトウェアにおける中心的な演算処理などを行ったり、命令を処理する等がある。○か×か。	これらはCPUの役割。OSとCPUはどちらもコンピュータの中心的な役割を担っているが、役割の違いはしっかり理解しておきたい。 正解 ×
コンピュータを使用するためにはモニターが必須であるから、モニターも基本ソフトウェアの1つであるといえる。○か×か。	コンピュータを使用するためにモニターはほぼ必需品であるが、ソフトウェアではない。モニターは出力装置ともいわれ、ハードウェアの1つである。 正解 ×

用語	意味
268 ★★★ 応用ソフトウェア 略称／語源 Application Software	特定の業務や処理を実行するためのソフトウェアのこと。表計算ソフトや Web ブラウザなどがこれにあたる。
269 ★★☆ デバイスドライバ 略称／語源 Device Driver	コンピュータに繋がっている周辺機器などを正常に動作させるためのプログラムのこと。
270 ★☆☆ 絶対パス 略称／語源 Absolute Path	フォルダや Web ページの階層構造について、目的のファイルまでの道筋を、最初から最後まで完全に記述する方式のこと。
271 ★☆☆ 相対パス 略称／語源 Relative Path	フォルダや Web ページの階層構造について、目的のファイルまでの道筋を、基準となるファイルから見て場所を指定して記述する方法のこと。
272 ★☆☆ スタンドアロン 略称／語源 Stand-Alone	あるコンピュータが他のコンピュータやネットワークに接続したりすることなく、孤立した状態で動作するシステム形態のこと。

例題	解答・解説
OS は応用ソフトウェアのうちの 1 つである。〇か×か。	OS は基本ソフトウェアに分類されるため、応用ソフトウェアではない。GooglePlay ストアや App Store で入手できるものは応用ソフトウェア（アプリケーションソフトウェア）である。 正解 ×
HDD を初期化するなどして OS を再インストールした場合、OS とは別にインストールしていたデバイスドライバは再インストールする必要がない。〇か×か。	OS を再インストールした場合、その OS 標準のドライバ以外のものは再インストールする必要がある。OS の初期化はそのコンピュータそのものが初期化されたことと同じようなものである。 正解 ×
絶対パスとは、現在いる Web ページから対象のファイルまでの道順を記述する方法のことである。〇か×か。	現在いるページから対象のファイルまでの道順の場合は、相対パスとなる。 正解 ×
相対パスであれば、サーバー等が丸ごと変わったとしてもファイル同士の位置関係が変わっていなければパスの表記を変更せずにファイルの位置を示すことができる。〇か×か。	一方、絶対パスの場合はすべての階層を記述しているので、おおもとが変更になれば、すべての記述を変更しなければならなくなる。 正解 〇
スタンドアロンの端末であれば、ネットワークに繋がっている端末に比べてデータ漏洩やセキュリティリスクは低くなる。〇か×か。	スタンドアロン端末はリスクは圧倒的に低くなるが、過去につないだ USB などからウイルス感染などをする可能性も 0 ではないので、気を付けて利用したい。 正解 〇

用語	意味
273 ★★★ **アップデート** 略称／語源 Update	アプリやソフトウェアの修正や機能改善を目標として、プログラムの一部分を最新のものに更新すること。
274 ★★★ **設計（基本設計）** 略称／語源 Design	システム開発におけるプログラミング手順のスタート地点で、どのプログラミング言語にするか、フローチャートを考えるなど、コーディングの前段階のこと。
275 ★★☆ **API** 略称／語源 Application Programming Interface	異なるソフトウェアやプログラム同士を結び、情報や機能を共有する仕組みのこと。
276 ★★☆ **コマンド** 略称／語源 Command	コンピュータへ特定の作業を行うように指示するための命令のこと。
277 ★★☆ **リストア** 略称／語源 Restore	データを元に戻すこと。また、バックアップされたファイルから、元のファイルを修復したり元の状態に戻すこと。

例題	解答・解説
アップデートを定期的に行うことで、ソフトウェアやOSの脆弱性をついたサイバー攻撃などを防ぐことができる。〇か×か。	プログラムそのものが変わる場合は、「バージョンアップ」という言葉が用いられることが多い。 正解 〇
プログラミングの手順において、「設計」→「コーディング」→「テスト」の順番で実行することが望ましい。〇か×か。	設計とあわせて要件定義という言葉も理解しておきたい。クライアントからの要求をもとにシステムに実装する機能を決めるための段階を、要件定義という。これは設計の前に行わなければならない。 正解 〇
ソフトウェアに既存にある他のソフトウェアの機能を組み込みたい場合は、APIを用いて他のソフトウェアと連携することもできる。〇か×か。	Google Maps API を使うと Google Map の機能を Web サイトやアプリに埋め込むことが可能になる。 正解 〇
CUIでコマンドによってコンピュータへの命令を出す画面のことをコマンドプロンプトという。〇か×か。	コンピュータへの命令はGUIでマウスなどを使って命令を行うことが多いが、コマンドプロンプトを用いてコマンドを入力することによっても同じように操作することができる。巻末のコマンドプロンプトを参照。 正解 〇
ファイルの破損に備えて、予備として別の記憶媒体にもファイルを保存しておくことをリストアという。〇か×か。	問いはバックアップのことを説明している。リストアはデータを元に戻すこと。 正解 ×

用語	意味
278 ★★☆ リカバリ 略称 / 語源 Recovery	システムを元に戻すこと。また、機能不全に陥った機器やシステム、ソフトウェアを復旧したり初期化したりすること。
279 ★★★ モデル化 略称 / 語源 Modeling	物事の仕組みや関係性などを単純化して、構成などを把握しやすくすること。
280 ★☆☆ 確定的モデル 略称 / 語源	モデルにおいて変動する要素がなく、シミュレーションを行った結果が 1 つに定まる場合のこと。
281 ★☆☆ 確率的モデル 略称 / 語源	モデルにおいて変動する要素があり、結果が 1 つに定まらない場合のこと。
282 ★☆☆ 静的モデル 略称 / 語源	時間の経過によって、要素に影響を与えないモデルのこと。

例題	解答・解説
ファイルが破損したときに、バックアップとして保存していた外部記憶装置からデータを持ってきて、元に戻すことをリカバリという。○か×か。	問いはリストアのことを説明している。更新履歴が書き込まれたファイル情報をもとに、システムをある時点の状態に戻すのがリカバリである。 **正解** ×
モデルは表現形式や特性によって様々な種類に分類することができる。○か×か。	縮尺／数式／図的／動的／静的／確定的／確率的など様々なモデル化がある。それらの特徴をおさえておきたい。 **正解** ○
確定的モデルと確率的モデルについて、空の水槽に一定時間、毎分２リットルで水を入れるシミュレーションは、どちらのモデルにあたるか。	一定時間同じ水量を入れるシミュレーションでは、確率的に変動する要素はないため、確定的モデルとなる。 **正解** 確定的モデル
確定的モデルと確率的モデルにおいて、トランプからカードを２枚引いて足し合わせた数の合計を求めるシミュレーションは、どちらのモデルにあたるか。	トランプからカードを２枚引くシミュレーションでは、カードの番号札は確率的に変動するものであるから、結果が１つに定まらないので確率的モデルである。 **正解** 確率的モデル
静的モデルと動的モデルについて、正方形の１辺の長さと面積の関係はどちらのモデルにあたるか。	正方形の１辺の長さと面積は、時間の経過によって影響を与えるものではないからである。 **正解** 静的モデル

用語	意味
283 ★☆☆ 動的モデル 略称／語源	時間の経過によって、要素に影響を与えるモデルのこと。
284 ★☆☆ 物理モデル 略称／語源	実際の物理現象を実物を模した形で表したモデルのこと。数学の方程式や物理の法則を利用して現象を表現する。
285 ★☆☆ 論理モデル 略称／語源	物理的な実体や物理法則に依存せず、情報処理の論理的な側面に焦点を当てたもの。
286 ★★★ HTML 略称／語源 Hypertext Markup Language	Webページ等を作成する言語のひとつで、画像や動画などをハイパーリンクで埋め込んだり、文字の構成を設定することができる。
287 ★★☆ スタイルシート（CSS） 略称／語源 Cascading Style Sheets	Webページの視覚的なスタイルを定義するシートのこと。

例題	解答・解説
静的モデルと動的モデルについて、地球上において物体が落下する運動はどちらのモデルにあたるか。	時間の経過によって速度は加速していくので、時間の経過による影響が出るため動的モデルであるといえる。 **正解** 動的モデル
物体の速度、加速度、位置を予測するモデルは、物理モデルである。○か×か。	電磁気学、熱力学、流体力学、構造力学などの物理モデルがある。 **正解** ○
物理モデルと論理モデルについて、物理現象による様々な事象を数式的に表現したモデルは、どちらにあたるか。	物理現象そのものをモデル化して実態を伴う場合は、物理モデルと言えるが、その現象や変化を数式的に表現したモデルは論理モデルに分類される。 **正解** 論理モデル
Web ページ上の文字の装飾、サイズや背景は一般的に、HTML を使って設定することが多い。○か×か。	CSS が正しい。昔は HTML を使っていたこともあるが、現在は CSS で設定することが一般的である。HTML と CSS の違いを理解しておきたい。 **正解** ×
Web サイトを構築する際にスタイルシートを用いる理由は、他ページへのリンクを貼るなどして使いやすくするためである。○か×か。	これは HTML の役割である。スタイルシート（CSS）は複数の Web ページの見た目を統一するために用いられる。 **正解** ×

用語	意味
288 ★★☆ マークアップ 略称／語源 Markup	文章や装飾の情報をコンピュータが認識できるように、タイトルや見出しに対してタグを使って意味づけを行っていくこと。
289 ★★★ タグ 略称／語源 Tag	Web ページ上のレイアウトやリンクなどを指定する文字列のこと。「<　>」で挟んで使用する。
290 ★★☆ JavaScript 略称／語源	Web ページ上の表示などにダイナミックな動きをつけるためのプログラミング言語のこと。JavaScript はブラウザ上で動作するスクリプト言語である。
291 ★★★ アルゴリズム 略称／語源 Algorithm	問題を解決するための作業手順や計算手順を定式化したもの。
292 ★★☆ 基本制御構造 略称／語源 Basic Control Structure	「順次」「繰り返し」「分岐」といった 3 つのプログラミングの基本構造の流れのこと。

例題	解答・解説
マークアップ言語の中でWebページ作成のために最もよく使われている言語はHTMLである。○か×か。	マークアップ言語にも種類がある。Webサイトの構造や目的によって使い分ける必要がある。 **正解** ○
タグ<　>を用いて、Webページ上のレイアウトなどを記述できる言語は次のうちどれか。「Javascript」「COBOL」「Python」「HTML」	マークアップ言語の代表的なものにHTMLやSGML、RTF、TeXがある。 **正解** HTML
Webページを制作するにあたって、HTML、CSSに加えてHTTPを用いることで効果的なものを作成することができる。○か×か。	HTTPではなく、Javascriptが正しい。スライドショーやポップアップなどの様々な機能を表現することができる。 **正解** ×
人間はコンピュータに比べて、アルゴリズムを処理する速さは遅いが、誤りを発見したり最適化をすることは得意である。○か×か。	ある結果にたどり着くための計算方法（アルゴリズム）はたくさんあり、言葉の意味としても広い。頻出用語である。 **正解** ○
アルゴリズムの表現方法で、順次、繰り返し、分岐といった3つのプログラミングの制御構造のことを基本制御構造という。○か×か。	フローチャートによって表現できるプログラムは、原則としてこの三種類を使ってアルゴリズムを表記する。 **正解** ○

用語	意味
293 ★★★ プログラム 略称／語源 Program	コンピュータによって実行ができるように、アルゴリズムを順番に書き出して、コンピュータで読み込みができるように記述したもの。
294 ★★★ オブジェクト指向プログラミング 略称／語源 Object-Oriented Programming	データ（変数）と操作（関数）を1つの「モノ」として定義し、それをもとにプログラムを構成していくプログラミング手法のこと。
295 ★☆☆ クラス 略称／語源 Class	オブジェクト指向における、これから作ろうとしているものの設計図のこと。
296 ★☆☆ インスタンス 略称／語源 Instance	オブジェクト指向における、クラス（設計図）によって実際に作られたもののこと。オブジェクトともいう。
297 ★☆☆ オブジェクト 略称／語源 Object	オブジェクトは物体、目的、対象の意味であり、コンピュータ上では操作や処理の対象となる実体のこと。

例題	解答・解説
物事を処理する順番や手順をコンピュータが実行できるようにコードの形に落とし込んだものをプログラムという。○か×か。	コードの形に落とし込む具体的な記述方法は、プログラミング言語によって異なる。 正解 ○
カプセル化、継承、多態性など、オブジェクト指向の考え方を取り入れたプログラム言語をオブジェクト指向言語という。○か×か。	オブジェクト指向の意味は少々捉えづらいが、現代のプログラム作成では主流であるので、よく理解しておきたい。 正解 ○
オブジェクト指向においてクラスを作るメリットの1つは、一度作ったものを再利用するときに新規で設計からやり直す必要がないことである。○か×か。	クラスから新たに更新された新クラスを作った場合、もとのクラスを親クラス、新しく作ったクラスを子クラスということがある。 正解 ○
“Car” クラスから “one_car” と “two_car” という2つの異なる車のインスタンスを作成した。これらは、それぞれ異なる属性を持っている。○か×か。	インスタンスは、クラスの設計に基づいて作成された具体的なデータを表す。 正解 ○
操作画面上のアイコンやウィンドウ、ツールバー、ボタンはオブジェクトである。○か×か。	オブジェクトはクラスとインスタンスを大きくまとめた実体、物のことを総称して表現したもの。例えば、オブジェクトを車とすると、クラスは車種、インスタンスはその車種の実機ということになる。 正解 ○

用語	意味
298 ★★★ コーディング 略称／語源 Coding	収集したデータを数値に置き換える符号化のこと。プログラミング分野においては、ソースコードを記入すること。
299 ★★★ ソースコード 略称／語源 Source Code	プログラムを作るときに、どのような動きをさせたいかをプログラミング言語で記述したコードのこと。
300 ★★★ 引数 略称／語源 Argument	表計算ソフトやプログラムなどにおける、変数の値に代入するための呼び出し元になる数やセル番地のこと。
301 ★★★ 戻り値 略称／語源	引数によって入力された値に処理を行い、呼び出し元に返す値のこと。返り値ともいう。
302 ★★★ マクロ 略称／語源 Macro	ソフトウェアで自動的に処理を行うため、一連の操作を記録し、必要に応じて呼び出せる機能のこと。

例題	解答・解説
プログラミングとは、プログラムのソースコードを記述することである。〇か×か。	プログラミングのソースコードを記述することはコーディングであり、設計→コーディング→テスト、といった一連の流れをプログラミングという。 正解 ×
プログラムの仕様書がなく、そのプログラムの動作が確認できない場合にはソースコードを見ることでそのプログラムの仕様を理解することができる。〇か×か。	ソースコードはコンピュータへの指示書、ソフトウェアの設計図と言える。Python や javascript などが良く使われる。 正解 〇
関数に値を入力して、出力される値のことを「引数」という。〇か×か。	出力される値は「戻り値（返り値）」で、引数は入力される側のほうである。引数と戻り値はセットで覚えておきたい。 正解 ×
入力値配列を 1、2、3、4 とするとき、配列の最初と最後の値を足してくれる関数の戻り値は何か。	関数、あるいはプログラムから出てくる値が戻り値である。 正解 5
マクロ言語を使うことで自動的に行う処理を設定し、その処理をコンピュータに記憶させることができる。〇か×か。	コンピュータウィルスの 1 つにマクロウイルスというものがあり、このマクロを利用して、ファイルの書き換えなどを自動で行ってしまうことがある。 正解 〇

用語	意味
303 ★★★ **乱数** 略称 / 語源 Random Number	規則性のない数値の並びのこと。さまざまなプログラムで確率的な事象を処理するために使われている。
304 ★★☆ **インデント** 略称 / 語源 Indent	文章の行頭に空白を挿入して、字下げをすることによって、文全体の体裁を整えること。
305 ★☆☆ **高水準言語** 略称 / 語源 High-Level Programming Language	人間が使用している言語や言葉に限りなく近い表現にしたもの。コンピュータは機械語しか読むことができないので翻訳が必要である。
306 ★☆☆ **低水準言語** 略称 / 語源 Low-Level Programming Language	プログラミング言語のうち、機械が理解できる機械語とそれに近いアセンブリ言語をまとめたもの。
307 ★★☆ **スクリプト言語** 略称 / 語源 Scripting Language	プログラムを比較的容易に記述できるように設計されたプログラミング言語のこと。

例題	解答・解説
表計算ソフトにおいて、「=RAND()」を用いて0から1の間の数を発生させた。この発生させた値のことを0から1までの乱数という。○か×か。	コンピュータで発生させる乱数のことは厳密には疑似乱数といわれる。 正解 ○
キーボード入力を補助する機能で、入力中の文字から過去の入力履歴を検索し、候補となる文字列の一覧を表示する機能をインデントという。○か×か。	オートコンプリートが正しい。インデントは余白を入れて文章の体裁を整えるものであり、入力を補助するものではない。 正解 ×
高水準言語は、人間の用いている言語に近いものであり機械語に最も近い。○か×か。	機械語に最も近いのはアセンブリ言語である。 正解 ×
高水準言語と低水準言語について、コンピュータにとって理解しやすいのは高水準言語である。○か×か。	低水準言語は機械語に近くコンピュータが理解しやすい。高水準言語は人間には読み取りやすいが、コンピュータで動作するには逐一翻訳が必要になる。 正解 ×
人間が使用している数式や言葉に近い高水準言語の1つで、プログラムを簡単に記述できるように設計された言語の1つをスクリプト言語という。○か×か。	高水準言語には、コンパイラ言語、インタプリタ言語などがあり、それぞれ目標や特徴によって使い分けている。 正解 ○

用語	意味
308 ★★☆ **制御文** 略称／語源 Control Statement	プログラムの動きを制御する文のこと。この制御文において条件を指定することで、処理の分岐や繰り返しなどを行うことができる。
309 ★★☆ **比較演算子** 略称／語源	表計算ソフトなどで、2つの式を比較するための演算子のこと。「<」「>=」「<>」などがある。
310 ★★★ **変数** 略称／語源 Variable	コンピュータ上のデータや値を一時的に記憶しておくための領域のこと。
311 ★★☆ **変数名** 略称／語源 Variabe Name	変数につける名前のこと。数学の世界では、a, b, x, y などを用いることが多いが、プログラミングの世界では一部の予約語を除いて、自由に文字列を設定して名前をつけることができる。
312 ★☆☆ **グローバル変数** 略称／語源 Global Variable	複数の関数や複数のプログラムで参照することができる変数のこと。

例題	解答・解説
プログラミングにおける「if文」などによる条件分岐は、制御文の働きによっておきる。○か×か。	if文以外にも、for文やswitch文など、様々な制御文がある。プログラムの構成に合わせて適切な文を選択していく。 正解 ○
比較演算子「!=」は、2つの比較をするときに、その2つが異なっているときのことを表す演算子である。○か×か。	「A!=B」はAはBでないことを表している。「<>」と「!=」の意味は同じである。 正解 ○
プログラミングにおいて、「x = x +1」と記述すると「0=1」と変形できることからエラーが表示される。○か×か。	この場合は、変数xにx +1を入力する（xを1増やす）ということになる。このような表記の仕方はよく使うので、しっかり理解しておきたい。 正解 ×
プログラミングにおいて、変数名はどのような文字列も自由に定義することができる。○か×か。	予約語は変数名にできない。プログラミング言語の種類によっても異なるが、AndやForなどのプログラムを実行する上でポイントになる単語は予約語に設定されている。 正解 ×
複数のプログラムのソースコードがあるとき、ソースコードの冒頭で「Dim cq As Double」と定義した場合、cqはグローバル変数になる。○か×か。	冒頭で定義した場合、それ以下の複数のプログラムに対して、cqという変数が使えるため、これはグローバル変数といえる。 正解 ○

用語	意味
313 ★☆☆ **ローカル変数** 略称 / 語源 Local Variable	プログラムのソースコードにおいて、そのプログラムや関数内でしか定義されていない変数のこと。
314 ★☆☆ **演算子** 略称 / 語源 Operator	数式やプログラミング言語などで、算術や論理演算に用いる記号のこと。
315 ★☆☆ **空文字列（ヌル文字列）** 略称 / 語源 Null String	長さが0の文字列のこと。ヌル（Null）文字列と言われることもある。Nullはプログラミング言語において、何も示さないことを表す。
316 ★☆☆ **機械語** 略称 / 語源 Machine Language	コンピュータの中央処理装置が直接命令を理解し実行できるような言語のこと。0と1を並べたビット列として表される。
317 ★☆☆ **構造化定理** 略称 / 語源 Structure Theorem	1つの入り口と1つの出口を持つアルゴリズムは、「順次」「繰り返し」「分岐」と呼ばれる基本制御構造で表すことができるという定理のこと。

例題	解答・解説
1つの関数の中で「Dim cq As Double」という記述があり、cqが変数として定義された。これはローカル変数である。○か×か。	このcqという変数は、このプログラム内での定義であるからローカル変数である。 正解 ○
次の記号の中で演算子として用いられないものをすべて答えよ。「!=」「%」「$」「^」	記号だけでなく、論理演算子として「AND」「OR」なども存在する。 正解 $
表計算シートにおいて、セルに何も文字列が入力されていなかった。この状態のことを「空文字列」という。○か×か。	プログラミング言語によっては、空文字列とヌル文字列を区別することもある。 正解 ○
数字の列で表現され、コンピュータが直接命令を理解し実行できるような言語をアセンブリ言語という。○か×か。	アセンブリ言語は、機械語を英数字に置き換えて、人間にも扱いやすくしたプログラミング言語のことである。 正解 ×
プログラムの記述を効果的なものにするため、複雑化する「go-to」文が不要であることを証明した定理を構造化定理という。○か×か。	この定理により、どんなに複雑なアルゴリズムでも、「順次」「繰り返し」「分岐」を組み合わせれば、制御できることが証明された。プログラムを記述するときは、なるべくシンプルな構造を心がけよう。 正解 ○

用語	意味
318 ★☆☆ **真理値表** 略称／語源 Truth Table	論理回路や論理式における論理演算で考えられる入力と出力の結果すべてを書き出す表のこと。
319 ★☆☆ **制御コード** 略称／語源 Control Code	文字コード表で示されるコードのうち、文字入力以外の改行、削除などを行うコードのこと。
320 ★☆☆ **選択構造** 略称／語源	基本制御構造における3つの構造のうち1つ。特定の条件における真偽について、次の処理を分岐させるアルゴリズムのこと。
321 ★☆☆ **相対参照** 略称／語源	表計算ソフトにおけるセルをコピーするときに、特定のセルを固定せずコピー先のセルに合わせて参照場所も相対的に移動させる参照方法のこと。
322 ★☆☆ **絶対参照** 略称／語源	表計算ソフトにおいて、特定のセルを固定する参照方法のこと。「$」記号を用いる。セルをコピーするときによく利用される。

例題	解答・解説
入力がABCの三つであるとき、入力の状態は何通りあるか。	真のときtrue、T、1と記載し、偽のときfalse、F、0と記載する。A, B, Cのそれぞれに対して、2通り入力があるので、2の3乗を考えると、答えは8通りである。 正解 8通り
JISコードによる文字コード表には、文字を出力するための文字コードだけが掲載されている。○か×か。	文字コード表には、文字出力だけでなく制御コードも組み込まれている。 正解 ×
条件によって実行する種類がわかれる分岐構造のことを「順次構造」という。○か×か。	選択構造が正しい。順次構造の場合は、ただ次の処理に直線的に繋がるだけである。選択構造は分岐構造とも呼ばれる。 正解 ×
相対参照のセルをコピーして貼り付けたとき、貼り付け先のセルに合わせて読み取り先も変わっていく参照方法を相対参照という。○か×か。	絶対参照と異なり、「$」マークなどは不要で、通常のセルの入力方法では相対参照が行われる。 正解 ○
表計算ソフトにおいて、A1セルを固定する場合は「$A1」と数式バーに記述すれば行も列も固定される。○か×か。	この表記ではA列だけが固定され、行は固定されない。「A1」と表記すればよい。 正解 ×

用語	意味
323 ★☆☆ デフォルト 略称／語源 Default	関数などの指定を省略したとき、あらかじめ組み込まれた設定値が使われること。
324 ★☆☆ ネスト 略称／語源 Nest	For 文などのループの中に、さらにもう１つのループが存在するように、ある構造の中にもう１つ同じ構造がある状態のこと。入れ子とも言う。
325 ★☆☆ 分岐構造 略称／語源	３つある基本制御構造のうちの１つで、特定の条件における真偽について次の処理を分岐させるアルゴリズムのこと。選択構造ともいう。
326 ★☆☆ 状態遷移図 略称／語源 State Transition Diagram	ソフトウェアやシステムの状態が、どのような条件で遷移するかを矢印で表現した図のこと。UML（統一モデリング言語）の一種である。
327 ★☆☆ スパイラル開発 略称／語源 Spiral	システムの開発工程を新目標設定、分析・開発、検証、計画の４フェーズにわけて、工程を何度も繰り返すことでシステムを成長させていく手法のこと。

例題	解答・解説
初期状態や何も定義されていないときに、それが原因となってプログラムが起動しなくなってしまうことを防ぐために、自動的に設定される値をデフォルトという。〇か×か。	初期値としてあらかじめ組み込まれている内容をデフォルト値、デフォルト設定という。 正解 〇
If 文の中に For 文が組み込まれているように、構文の中にもう１つ別の構文が含まれることを「ネスト」という。〇か×か。	ネストは同じ構文の中に、さらに同じ構文が存在する場合のことをいう。If の中の For のように、異なる場合にはネストとは言わない。 正解 ×
特定の条件の真偽によって、フローチャートが分岐していく構造のことを分岐構造という。〇か×か。	フローチャートの中で分岐構造は、「ひし形」で表記される。 正解 〇
時間の経過や状況の変化による、状態の移り変わりを図式化したものが「状態遷移図」である。〇か×か。	例えばワイヤレスヘッドホンで考えると、電源長押しで電源 ON、１回クリックで Bluetooth 接続、もう一回長押しで電源 OFF などの動作は、状態遷移図で説明した方が理解しやすい。 正解 〇
ウォーターフォール開発の開発工程を何度も繰り返すことで、徐々にシステムを完成させていく開発手法をスパイラル開発という。〇か×か。	アジャイル開発とスパイラル開発はよく似ているが、アジャイルの場合は小さな機能ごとに開発をわけているので、その機能ごとにリリースすることになる。スパイラル開発は、機能が比較的まとまってからリリースを行う。 正解 〇

用語	意味
328 ★☆☆ **アジャイル開発** 略称 / 語源 Agile	全行程の計画を立ててシステム開発を行うのではなく、開発中の状況変化に対応しながら開発を進めていく手法のこと。
329 ★☆☆ **ウォーターフォール開発** 略称 / 語源 Waterfall	システム開発において、要件定義、設計、プログラミング、テスト、運用・保守などの工程を確実に1つずつ仕上げてから次の工程に進めていく手法のこと。
330 ★★★ **フローチャート** 略称 / 語源 Flowchart	アルゴリズムによって処理される手順やプロセスを流れに沿って図式化したもの。流れ図ともいう。
331 ★★★ **アクセス権** 略称 / 語源 Access Right	システムやファイルの管理において、それらを使用したり閲覧したりするための権限のこと。主に管理者から利用者に対して、その利用が適切な場合に付与するもの。
332 ★★★ **アクセス制御** 略称 / 語源 Access Control	特定のユーザーだけがアクセスできるように、権限をコントロールすること。

例題	解答・解説
システムの変更が頻繁に起こる場合に適している開発方法で、システム開発のウォーターフォールモデルを度々繰り返して小さい機能単位で開発を繰り返していく手法を、アジャイル開発という。○か×か。	スパイラルモデルに比べて、小さい機能単位での開発を繰り返すことが特徴である。リリースの頻度もアジャイル開発のほうが機能ごとになるので速い。 正解 ○
ウォーターフォール開発では、作業工程のうち１つ前の途中であっても、次の工程に進むことができる点で効率よくシステム開発が行える。○か×か。	ウォーターフォール開発は、前工程が終わらないと次の工程に進めないことが特徴である。 正解 ×
フローチャートはプログラミングやプロジェクト管理、機械工学などで利用される。○か×か。	利点として、処理手順を追いやすいこと、担当を明確にできること、説明しやすいことなどが挙げられる。 正解 ○
アクセス権を管理しておくことで、特定のファイルをショルダハッキングなどから守ることができる。○か×か。	「ショルダハッキング」は後ろからの盗み見などによるものなので、アクセス権で防ぐことはできない。 正解 ×
ファイルの機密性を確保するためのセキュリティ対策として「デジタル署名」を行うことは正しい。○か×か。	「アクセス制御」が正しい。デジタル署名は、データファイルの改ざんの有無、作成者の情報を確認するものである。 正解 ×

用語	意味
333 ★★★ **アドミニストレーター** 略称／語源 Administrator	一般にいう「管理者」のことである。ネットワーク上などで様々な権限が許可されている。
334 ★★★ **DNCL** 略称／語源 Daigaku Nyushi Center Language という説	大学入学共通テストで使用されているプログラミング言語のこと。関数名や分岐処理、反復処理などが日本語で書かれているのが特徴。
335 ★★★ **拡張子** 略称／語源 Extension	ファイルの種類を識別するための文字列のこと。ファイル名のあとに「.○○○」という形式でつけられている。
336 ★★☆ **プロパティ** 略称／語源 Properties	ファイルやソフトウェアが持つ特性や状態、設定などをまとめた情報のこと。
337 ★☆☆ **アクティビティ図** 略称／語源 Activity Diagram	システム実行時の処理の流れを図で表現したもの。UML（統一モデリング言語）の一種である。

例題	解答・解説
コンピュータやネットワークの管理者であり、それらを良好な状態に保つための様々な権限や責任を持っている人のことをリーダーという。○か×か。	アドミニストレーターが正しい。「Admin」と略して表記されて使われることが多々ある。 正解 ×
DNCLはシステム開発やアプリケーション開発などでも広く使われている言語である。○か×か。	DNCLはアルゴリズムを表現するための疑似言語であるため、実際のプログラミングには使用できない。 正解 ×
次の拡張子の中から、音声データを含む可能性がないものを選択せよ。「.mpg」「.gif」「.mp3」「.mov」	「.mpg」と「.mov」は動画ファイル、「.mp3」は音声ファイルである。「.gif」はアニメーションのみなので音声を伴うことはない。 正解 .gif
データやファイルの状態、特質を調べる場合はプロパティを参照することで確認することができる。○か×か。	多くのコンピュータでは、ソフトウェアやファイルを右クリックすることで、プロパティを選択することができる。 正解 ○
アクティビティ図では最終ノードを「●」で表す。○か×か。	「●」は初期ノードで最終ノードは「●」を○で囲んだものを利用する。 正解 ×

用語	意味
338 ★☆☆ オートフィル 略称/語源 Autofill	表計算ソフトにおける機能の１つで、規則性のある入力値を広い範囲に自動的に当てはめていくこと。
339 ★☆☆ ガントチャート 略称/語源 Gantt Chart	プロジェクトのスケジュールやタスクを可視化するための、棒グラフのような工程表のこと。
340 ★☆☆ オープンソース 略称/語源 Open Source	ソフトウェアやプログラムのソースコードなどを、一定の条件下で使用、複製、改変などを自由に行ってよいという考え方のこと。
341 ★☆☆ 文法エラー 略称/語源	プログラムのバグの原因の１つ。コードの綴りを間違えるなどして正常にプログラムが動作しない場合のこと。
342 ★☆☆ 論理エラー 略称/語源 Logic Error	プログラムは正常に実行されるが、意図した結果と異なる状態になってしまうこと。

例題	解答・解説
オートフィルを行うときには、相対参照と絶対参照の違いをよく理解し、誤った範囲を参照しないように注意する必要がある。○か×か。	データのパターンを理解し、必要な入力データの候補を提示してくれる。オートフィルは表計算ソフトウェアなどにおいて数値やテキストのパターンを生成する。スマートフォンの文章入力時の予測変換とは異なる。 **正解** ○
ガントチャートはプロジェクトの工程などを管理することには適しているが、在庫管理については適していない。○か×か。	ガントチャートは工程表を棒グラフで表現するものであり、在庫管理などには適していない。 **正解** ○
オープンソースソフトウェアには様々なライセンス形態があるため、許諾の必要なく利用できるが条件に気を付けて使用するべきである。○か×か。	このようなオープンソースソフトウェアをOSSということもある。 **正解** ○
表計算ソフトで関数を用いて平均値を計算したところ、文法エラーで処理ができなかった。間違いを訂正せよ。「=AVEREGE(A1:A10)」	関数のスペルミスによるバグであった。表計算ソフトの中にはエラーに対して自動でヘルプや修正項目をあげてくれるものもある。 **正解** “AVERAGE”
アルゴリズムの記入ミスで、本来1と出力されるべきものが0と出力された。プログラムに何のエラーがあったのか、次から選べ。「論理エラー」「実行時エラー」「構文エラー」	実行時エラーはプログラムを動かした際に発生する。構文エラーは、コンパイル時に発生する。 **正解** 論理エラー

用語	意味
343 ★☆☆ 構文エラー 略称 / 語源 Syntax Error	プログラムのバグの原因の1つで、コードの綴りを間違えるなどして正常にプログラムが動作しない場合のこと。文法エラーともいう。
344 ★☆☆ 実行時エラー 略称 / 語源 Runtime Error	プログラムの実行中に何らかの誤りがきっかけとなってプログラムが途中で止まってしまうこと。
345 ★★☆ バグ 略称 / 語源 Bug	プログラムの欠陥や誤りのこと。バグの種類には、文法エラーや論理エラーなどがある。
346 ★★☆ 探索 略称 / 語源 Search	多くのデータの中から条件のあうデータを探し出すためのアルゴリズムのこと。例として、「線形探索」「二分探索」などがあげられる。
347 ★★★ 線形探索 略称 / 語源 Linear Search	たくさんのデータの中から目的のデータを探し出すアルゴリズムのうち、最初のデータから順番に1つずつ探索していく方法のこと。

例題	解答・解説
プログラムのコーディングにおいて、"{　}" 内に特定のプログラムのコードを記述したが、最後に "}" を記述し忘れてしまい、プログラムがエラーを起こして実行できなかった。このエラーは構文エラーか論理エラーのいずれであるか。	論理エラーの場合は、何らかの形でプログラムは実行されることになるが、この場合実行できていないので、"}" の記述忘れは、構文エラーのうちの１つである。 **正解** 構文エラー
プログラムにおいて、a=0 を定義し、100/a の計算を実行したところエラーが起きてプログラムが停止した。このエラーは、「構文エラー」「実行時エラー」「論理エラー」のうちどれか。	構文、論理ではなく、100 を 0 で割ることは数学的にもできないため、実行時エラーとなる。 **正解** 実行時エラー
プログラムのバグを発見した場合、そのバグが他の部分に影響する可能性も考慮して、最初からコードを書き直すほうがよい。〇か×か。	バグが見つかるたびに１からコードを書くことは大変なので、エラーの原因が文法エラーか論理エラーか原因をはっきりさせて、修正する必要がある。 **正解** ×
線形探索法では、データの数に応じて計算量も比例していくためデータ量が多い場合は処理に時間がかかる。〇か×か。	探索法には様々な手法があるため、その目的のデータを見つけるために最適な探索方法を選ぶことで、効率的にデータを得ることができる。 **正解** 〇
「冊子の５ページを開いてください」と言われたが、冊子にページ番号がふっていなかったため最初のページから数えて５枚目のページを開いた。これは線形探索を行ったといえる。〇か×か。	順番に１つずつ探索していく方法は、線形探索といえる。 **正解** 〇

用語	意味
348 ★★☆ **二分探索** 略称 / 語源 Binary Search	ソート済みのデータを二分割することを繰り返していくことによって、見つけたい要素を発見する探索手法の１つ。
349 ★★☆ **バブルソート** 略称 / 語源 Bubble Sort	隣り合うデータの大小関係を比較して、並び替えることの繰り返しで整列を行うアルゴリズムのこと。
350 ★☆☆ **基本交換法** 略称 / 語源 Bubble Sort	隣り合うデータの大小関係を比較して並び替えることを繰り返して整列を行うアルゴリズムのこと。バブルソートともいう。
351 ★☆☆ **ENIAC** 略称 / 語源 Electronic Numerical Integrator And Computer	1946年にアメリカで開発された17000本以上の真空管を用いた初代コンピュータのこと。
352 ★★★ **AI** 略称 / 語源 Artificial Intelligence	人間の脳が行う知的作業をコンピュータによって再現する技術をAIという。

例題	解答・解説
二分探索は線形探索よりも効率的なアルゴリズムであるから、どのような場合でも二分探索のほうが線形探索より早く探索することができる。○か×か。	一般的に効率が良いのは二分探索だが、探索する要素が先頭に存在する場合、線形探索のほうが早く探索できることもある。 **正解** ×
「3, 2, 4, 5, 1」をバブルソートを用いて昇順に並び替えを行うと、何回目の交換で並び替えが終わるか。	バブルソートは隣同士の比較で整列を行うため、3と2の交換1回、1の交換4回で、計5回目で整列が完了する。巻末のバブルソート図を参照。 **正解** 5回目
隣り合う要素について大小の順を比較して、それらの要素を入れ替える操作を繰り返すことを基本交換法という。○か×か。	基本交換法（バブルソート）は昇順に並び替えることが多いが、降順に並び替えることも同じアルゴリズムで考えることができる。 **正解** ○
米陸軍による弾道計算を行うために高速処理ができる巨大計算機として計画され、初代コンピュータともいわれる機械をENIACという。○か×か。	コンピュータもネットワークももととなったのは軍事的な面からの開発であった。ENIACは初代コンピュータとして紹介されることが多いが、他にも諸説あると言われている。 **正解** ○
AIは多数のデータを利用して学習し、人間と同じような論理的推論が可能である。○か×か。	AIと人工知能は同じ意味で使われている。AIの数学的モデルの1つが機械学習である。 **正解** ○

用語	意味
353 ★★☆ **人工知能** 略称 / 語源 Artificial Intelligence	人間の脳が行う知的作業をコンピュータによって再現する技術のこと。AI ともいわれる。
354 ★★★ **シミュレーション** 略称 / 語源 Simulation	ある事象をモデル化し、それを使って疑似的な観測や実験をすることで、より複雑なシステム設計や企業戦略などに活かすこと。
355 ★★☆ **シンギュラリティ** 略称 / 語源 Technological Singularity	AI が人類の知能を超えると言われている技術的特異点のこと。2045 年ころに AI が人類を超えると予測している。
356 ★★☆ **深層学習** 略称 / 語源	人間が自然に行う行動をコンピュータに学習させる機械学習の手法の１つ。行動の背景にあるルールやパターンを学習させ、多層的に対応できるようにすることが目的である。ディープラーニングともいう。
357 ★★☆ **ディープラーニング** 略称 / 語源 Deep Learning	人間が自然に行う行動をコンピュータに学習させる機械学習の手法の１つ。行動の背景にあるルールやパターンを学習させ、多層的に対応できるようにすることが目的である。

例題	解答・解説
人工知能は与えられた学習データの中から正しい情報だけを選択して学習することができる。○か×か。	学習するデータが誤っている場合、誤った学習をしてしまうこともある。技術の発展とともに精度は日々向上しているが、必ずしも正確な判断ができるわけではない。 正解 ×
企業側で「過去の購入履歴からその顧客が興味を持つ商品を推測し、その興味に応じたダイレクトメールを作成し送付した」、これはシミュレーションである。○か×か。	シミュレーションはあくまで疑似的なものであり、実際に顧客に対して行動に移している場合はシミュレーションとはいわない。 正解 ×
2045 年ごろに AI が人類の能力を超えて、社会の枠組みが大きく変わっていく地点のことをシンギュラリティという。○か×か。	2045 年問題とも言われるが、科学的検証がなされているものではない。言葉としては最近よく話題にあがるものなので知っておくと良い。 正解 ○
コンピュータなどのデジタル機器、通信ネットワークを利用して実施される教育や学習のことを深層学習という。○か×か。	問いは e-learning のことである。深層学習は大量のデータから人間の脳神経回路を模したモデルで解析することで、コンピュータがデータを抽出したり、学習したりする技術のことである。 正解 ×
ディープラーニングは、音声や画像の分類、文章読解などができる。○か×か。	声の聞き分け、部品の検査、テキストの要約、テレビ放送の文字起こし、自動運転など用途は多数ある。 正解 ○

4章の用語一覧

プロトコル
ゲートウェイ
サーバー
ハブ
ルータ
Web サーバー
集線装置
スイッチ
ファイルサーバー
プリントサーバー
プロキシサーバー
Bluetooth
IoT
IP（アドレス）
IPv4
IPv6
LAN
MAC アドレス
TCP/IP
WAN
Wi-Fi
イーサネット
インターネット
グローバル IP アドレス
通信規約
5G
DNS
GPS
IEEE802.11
ISP
P2P
レイヤー
アプリケーション層
トランスポート層
インターネット層
ネットワークインターフェース層
クライアントサーバーシステム
クラウドコンピューティング
広域ネットワーク
通信方式
パケット交換方式
通信メディア
同期
トレーサビリティ
バス
ピアツーピアシステム
ルーティング
DHCP
PPPoE
IPoE
NAPT
NAT
RFID
クラウドストレージ
転送効率
ベストエフォート
プライベート IP アドレス
ARPANET
UPS
無停電電源装置
HDMI
USB
http
https
SSL
IMAP
POP
SMTP
URL
WWW
ワールドワイドウェブ
ドメイン名
トップレベルドメイン
第 2/ 第 3 レベルドメイン
ccTLD
gTLD
クッキー
短縮 URL
ファイアウォール
フィルタリング
ホワイトリスト方式
ブラックリスト方式
VPN
ブロックチェーン
データベース
リレーショナルデータベース
SQL
主キー
テーブル
DBMS
属性
データモデル
フィールド
レコード
仮想表
キーバリュー型データベース
スキーマ
結合
選択
射影
ビュー表
bps
アップロード
ストリーミング
ダウンロード
データサイエンス
ビッグデータ
アクセスログ
データマイニング
雑音
ノイズ
パリティビット
誤り検出符号
メタデータ
階層構造
テキストマイニング
オープンデータ
クローズドデータ
箱ひげ図
バブルチャート
ヒストグラム
フェルミ推定
レーダーチャート
疑似相関
サンプル数
量的データ
質的データ
名義尺度
比率尺度
順序尺度
間隔尺度
標本調査
単純集計表
直線回帰
全数調査
尺度水準
散布図
共分散
クロス集計
クロスチェック
回帰直線
決定係数
回帰分析
外れ値
欠損値
異常値
KJ 法

第4章

情報通信ネットワークとデータの活用

4章の用語一覧

モンテカルロ法
棒グラフ
母集団
分散
標準偏差
相関（相関関係）
相関係数
最小二乗法
円グラフ
折れ線グラフ
検索サイト
ハイパーリンク
ヘッダー
フッター
ブラウザ
ブログ
リンク
Web アプリケーション
Web ブラウザ
アクセシビリティ
オプトアウト方式
オプトイン方式
コンテンツ
コンテンツフィルタリング
サインイン
ログイン
GIS
SEO 対策
VUI
ジオタグ
動画投稿サイト
レスポンシブデザイン

用語	意味
358 ★★★ プロトコル 略称 / 語源 Protocol	コンピュータでデータをやり取りするときに定められた約束ごとやルールのこと。通信規約ともいう。
359 ★★★ ゲートウェイ 略称 / 語源 Gateway	異なるネットワーク同士を中継する仕組みの総称である。その１つとして IP アドレスを判別してネットワークを中継するルータがある。
360 ★★★ サーバー 略称 / 語源 Server	Web ページへのアクセスや電子メールの送受信、オンラインショッピング、SNS などのネットワークを利用したサービスを提供するコンピュータまたはソフトウェアのこと。
361 ★★★ ハブ 略称 / 語源 Hub	複数の回線を一か所に集約して、相互に通信を可能にする装置のこと。集線装置の１つである。
362 ★★★ ルータ 略称 / 語源 Router	ネットワーク同士を接続する機器のこと。データの転送や制御を行う。

例題	解答・解説
メーカーや OS が異なる機種の場合には、その機種に対応した通信プロトコルがあるため、機種ごとにプロトコルをしっかりと理解してから通信する必要がある。〇か×か。	プロトコルは機種や OS ごとに異なるものではない。むしろ、異なる機種同士でもルールに則って安全に通信できるように定められたものである。 正解 ×
パケット通信する際のゲートウェイは、一般的にルータ同士が連絡を取り合い自動的に設定される。〇か×か。	ゲートウェイは玄関や入口の意味である。家庭に設置されている Wi-Fi ルータもゲートウェイの 1 つである。 正解 〇
目的や機能に応じて色々な種類のサーバーがある。〇か×か。	具体例としては、ファイルを保存するファイルサーバー、印刷処理を行うプリントサーバー、Web ページを管理、配信する Web サーバー、電子メールの送受信を行うメールサーバーなど、さまざまな種類がある。 正解 〇
LAN を構成するために、各パソコンをコンピュータネットワーク上でつなぐときに用いられる集線装置をハブという。〇か×か。	ハブとスイッチはだいたい同じ機能であるが、スイッチのほうが若干機能が多く、ハブの上位互換ともいわれる。 正解 〇
複数のケーブルを接続して集約を行い、1 つの端末から他の端末にデータを送受信することができるような状態にする装置のことをルータという。〇か×か。	ハブの説明をしている。ルータは異なるネットワークを接続する役割をもち、インターネット接続に必要なものである。一方で、ハブはインターネットへの接続の可否ではなく、コンピュータ同士が接続することを目的としている。 正解 ×

用語	意味
363 ★★☆ **Web サーバー** 略称 / 語源 Web Server	Web ブラウザからのリクエストに応じて、Web ページの画像やテキストなどの様々な情報を提供するサーバーのこと。
364 ★★☆ **集線装置** 略称 / 語源 Hub, Switch	複数の回線を一か所に集約して、相互に通信を可能にする装置のこと。コンピュータネットワーク上の例として、ハブやスイッチなどがあげられる。
365 ★★☆ **スイッチ** 略称 / 語源 Switch	複数の回線を一か所に集約して、相互に通信を可能にする装置のこと。集線装置の 1 つであり、スイッチングハブともいう。
366 ★★☆ **ファイルサーバー** 略称 / 語源 File Server	ネットワーク内で複数人でファイルを共有するときに、ファイルを保存しておくためのサーバーのこと。
367 ★★☆ **プリントサーバー** 略称 / 語源 Print Server	ネットワーク上にあるプリンターに向けて、印刷要求を効率よく処理するためのサーバーのこと。

例題	解答・解説
httpsのURLを用いることで、Webサーバーと Webブラウザ間のセキュリティが SSL通信によって向上する。○か×か。	この時、Webサーバーが電子証明書などを送信し、それを認証するなどして、通信の機密性を高めている。 正解 
LANの接続形態には､｢スター型｣｢バス型｣｢メッシュ型｣｢リング型」などがあるが、このうちハブなどの集線装置を中心として、放射状に複数の通信機器を接続する形態はどれか。	巻末の集線装置図を参照。 正解 スター型
「受信したデータを、宛先として設定された MACアドレスに対してのみ転送する」はスイッチが担っている機能である。○か×か。	宛先がないデータについては、スイッチの機能を使って、特定の宛先に送ることはできない。 正解 
ファイルサーバーへのアクセスは、ファイルの流出を防ぐ観点から指定された IPアドレスからしかアクセスできないようにしたり、パスワードをかけるなどの対策を講じることが望ましい。○か×か。	共有ファイルは流出の危険性が伴うので、しっかり管理することが大切である。  正解 ○
プリンターを個人で所有しており、USBなどの有線接続でプリンターに印刷要求をする場合、プリントサーバーは不要である。○か×か。	印刷にあたってプリンタードライバーは必要であるが、プリンターを複数人で共有しない場合、プリントサーバーは不要である。 正解 

用語	意味
368 ★★☆ プロキシサーバー 略称／語源 Proxy Server	クライアントとサーバーの中間に位置して、両者の通信を仲介する役割を担うサーバーのこと。一度閲覧したWebページはプロキシサーバーがキャッシュで保存し、再アクセス時に速やかにアクセスできるようにしている。
369 ★★★ Bluetooth 略称／語源 デンマークとノルウェーを統一したハラルド・ブロタン王	無線通信規格の1つ。約10～100mの範囲（規格による）でケーブルを接続せずにデータ等のやり取りを行うことができる技術のこと。
370 ★★★ IoT 略称／語源 Internet Of Things	これまでインターネットに接続されていなかったもの（センサーや家電、車など）が、ネットワークに繋がり様々なサービスとして使えるようになること。
371 ★★★ IP（アドレス） 略称／語源 Internet Protocol	インターネット上でコンピュータ同士が通信を行うために定められた通信規約のこと。
372 ★★★ IPv4 略称／語源 Internet Protocol version 4	1990年代後半に考案された主要なプロトコルであり、2の32乗＝約43億のIPアドレスを表すことができる。「1.0.0.0」～「255.255.255.255」までの組み合わせのうち、プライベートIPアドレスに使われる範囲を除いたもの。

例題	解答・解説
プロキシサーバーは企業などがセキュリティリスクを向上するために導入することが多いが、これはプロキシサーバーを介することで、IP アドレスなどの個人情報を隠すことができるからである。〇か×か。	プロキシサーバーを使うと、実際にアクセスするのはクライアントではなく、プロキシサーバーであるため、個人の情報や IP アドレスを隠しつつ、アクセスをすることができる。 正解 〇
近距離でデジタル機器のデータをやり取りする通信技術を Bluetooth という。〇か×か。	Bluetooth のロゴは、略称 / 語源に記載した王の名前から H（*）と B を混合したものになっている。巻末の Bluetooth を参照。 正解 〇
テクノロジーやデジタル技術を社会に浸透させて、人々の生活をより良いものへ変革させることが IoT である。〇か×か。	DX が正しい。IoT と DX を混同しないように注意する。 正解 ×
インターネットを通して、データを送り届ける宛先を IP アドレスという。〇か×か。	IP アドレスは（192.168.201.11）のような 0 ～ 255 までの数字で表される。 正解 〇
IPv4 には大きく分けてグローバル IP アドレスとプライベート IP アドレスの二つがある。〇か×か。	学校のネットワーク内ではネットワーク管理者が自由な IP アドレスを使用できる。 この IP アドレスがプライベート IP アドレスであり、小規模ネットワークなら 192.168.0.0 ～ 192.168.255.255 を使う。 正解 

用語	意味
373 ★★★ IPv6 略称 / 語源 Internet Protocol version 6	IPv4 のアドレス枯渇問題に対応したもの。IPv4 では使用可能な IP アドレスが 2 の 32 乗（約 43 億）個であったが、IPv6 では 2 の 128 乗（約 340 澗）個使用できる。
374 ★★★ LAN 略称 / 語源 Local Area Network	同じ建物内などの限られたエリアの中で構成されるネットワークのこと。
375 ★★★ MAC アドレス 略称 / 語源 Media Access Control Address	ネットワークにつながるすべての機器に割り当てられる固有の識別番号のこと。
376 ★★★ TCP/IP 略称 / 語源 Transmission Control Protocol / Internet Protocol	インターネットなどのコンピュータネットワークで標準的に用いられている通信プロトコルのこと。
377 ★★★ WAN 略称 / 語源 Wide Area Network	遠く離れたエリアなどの広範囲に繋がるネットワークのことで、広域情報通信網ともいう。

例題	解答・解説
IPv6 アドレスは IPv4 アドレスと同じく、機器そのものにではなく、機器の持つネットワークインタフェースに付与される。〇か×か。	IPv5 も存在はするが、試験的な意味合いもあり、実質的に運用されることはなかった。 正解 〇
情報通信ネットワークの 1 つで、組織同士を結ぶ広いエリアで接続するネットワークを LAN という。〇か×か。	WAN が正しい。LAN は有線 LAN と無線 LAN（ワイヤレス）に分かれる。 正解 ×
物理アドレスやイーサネットアドレスともいわれる 12 桁の英数字 2 桁を区切った、ネットワークに繋がる機器の固有のアドレスを MAC アドレスという。〇か×か。	MAC アドレスは、16 進数（英字は、A ～ F まで）で表記されている。 正解 〇
IP がデータをパケットに変えて通信し、TCP がその通信の破損がないか等をその都度確認するような通信方法を TCP/IP という。〇か×か。	TCP/IP と似たような通信形式として、UDP（User Datagram Protocol）というものもある。UDP は到着確認を行わないプロトコルである。 正解 〇
通信事業者のネットワークサービスを通じて、離れた地域同士の LAN を結び相互利用できるようなネットワークを WAN という。〇か×か。	インターネットは世界最大規模の WAN として一例にあげられることが多い。 正解 〇

用語	意味
378 ★★★ **Wi-Fi** 略称 / 語源 Wireless Fidelity	デバイスとインターネット回線をワイヤレスで接続する近距離用の通信技術のこと。スマートフォンでも利用している。
379 ★★★ **イーサネット** 略称 / 語源 Ethernet	パソコンなどで通信する際に有線接続するときの通信規格の1つ。有線 LAN ケーブルのことを示すときもある。
380 ★★★ **インターネット** 略称 / 語源 Internet	世界中のコンピュータなどの情報端末を接続する情報通信網のこと。
381 ★★★ **グローバル IP アドレス** 略称 / 語源 Global IP Address	インターネットに接続された際に割り当てられる IP アドレスのこと。世界共通のインターネット上に、他人が所有する機器と同じ IP アドレスが割り当てられることはない。
382 ★★★ **通信規約** 略称 / 語源 Protocol	コンピュータでデータをやり取りするときに定められた約束ごとやルールのこと。プロトコルともいう。

例題	解答・解説
ネットワークに接続された端末同士を、暗号化や認証によってセキュリティを確保して、あたかも専用線で結んだように利用できる技術をWi-Fiという。〇か×か。	問いはVPNのこと。Wi-Fiはワイファイと読む。2.4GHzや5GHzの電波帯を利用しており、一般に2.4GHz帯の方が混雑している。 正解 ×
イーサネットの技術は無線LANの品質向上にも用いられ、ユーザーの快適性や利便性が向上している。〇か×か。	イーサネットの技術は、あくまで有線LANに対するものである。 正解 ×
インターネットは特定の国または地域に制限されており、世界中のすべてのユーザーがアクセスできるわけではない。〇か×か。	インターネットは世界中のユーザーにオープンであり、デバイスと環境が整えば誰でもアクセスができる。 正解 ×
IPアドレスは一度設定すると、その後変更することはできない。〇か×か。	ISP（プロバイダー）から別にIPアドレスの割り当てを受ければ変えることができる。 正解 ×
ネットワークを介して通信するための約束ごとの集合を通信規約（プロトコル）という。〇か×か。	インターネットによる通信規約は通信の階層構造ごとに異なる。この階層は4層からなり、「アプリケーション層」「トランスポート層」「インターネット層」「ネットワークインタフェース層」に分けられる。 正解 〇

用語	意味
383 ★★☆ 5G 略称 / 語源 5Th Generation	第 5 世代移動通信システムのことで、高速大容量、多数同時接続、低遅延という特徴を持つ。
384 ★★☆ DNS 略称 / 語源 Domain Name System	インターネット上のドメイン名を管理するためのシステムのこと。
385 ★★☆ GPS 略称 / 語源 Global Positioning System	人工衛星の電波を端末で受信し、位置情報を表示する全地球測位システムのこと。
386 ★★☆ IEEE802.11 略称 / 語源 Institue Of Electrical And Electronics Engineers	IEEE は米国電気電子学会のこと。IEEE802.11 は、この学会が策定している無線 LAN 関連規格の 1 つ。
387 ★★☆ ISP 略称 / 語源 Internet Service Provider	インターネットサービスを提供する事業者のこと。

例題	解答・解説
高速大容量、多数同時接続、低遅延の特徴がある最新の移動通信システムを5Gという。○か×か。	5Gでは、およそ10Gbpsの通信速度で、様々な場所で通信サービスとして利用されている。 正解 ○
DNSを用いる理由は、ネットワーク上の住所表記をわかりやすく管理するためである。○か×か。	IPアドレスとドメイン名を変換する仕組みをもつサーバーを、DNSサーバーという。 正解 ○
GPSの精度はとても高く、天候によって正確性を左右することなく位置情報を表示できる。○か×か。	このほかに建造物や遮蔽物などがある場合にも、精度が低くなる。 正解 ×
IEEE802.11は無線LAN（Wi-Fi）の通信規格であり、Wi-Fiはワイファイと読む。○か×か。	IEEEの読み方は、アイ　トリプル　イーである。 正解 ○
インターネットにつなげるためのアクセスポイント（基地局）を提供している会社をISPという。○か×か。	会社によって、回線速度や安定性、料金などは異なる。 正解 ○

用語	意味
388 ★★☆ **P2P** 略称／語源 Peer to Peer	サーバーを介さずにコンピュータ同士が対等にデータのやり取りを行う通信方式のこと。ピアツーピアシステムともいう。
389 ★☆☆ **レイヤー** 略称／語源 Layer	層や階層のこと。ネットワークの世界においては、通信プロトコルを1層（イーサネット）、2層（IPなど）、3層（TCPなど）、4層（HTTPなど）に分けて役割を分担している。
390 ★★☆ **アプリケーション層** 略称／語源 Application Layer	TCP/IPモデルにおける通信の階層の4層にあたり、HTTP、SMTP、POPなどがプロトコルとしてあげられる。
391 ★★☆ **トランスポート層** 略称／語源 Transport Layer	TCP/IPモデルにおける通信の階層の3層にあたり、データの送受信に関する信頼性の取り決めを行う階層のこと。
392 ★★☆ **インターネット層** 略称／語源 Internet Layer	TCP/IPモデルにおける通信の階層の2層にあたり、データを目的地に運ぶための IP などがプロトコルとしてあげられる。

例題	解答・解説
クライアントサーバーシステムとP2Pシステムについて、セキュリティ対策の観点で安全上優位にあるのはどちらのシステムか。	どちらもセキュリティの脅威はあるが、P2Pは相手の端末に直接アクセスするため、1つのコンピュータがセキュリティ上問題がある場合、そのリスクが他の接続されたコンピュータに広がりやすくなってしまう。 **正解** クライアントサーバーシステム
ネットワークにおいて、通信の役割をいくつもの階層にわけて役割分担をしているが、この階層のことをレイヤーという。○か×か。	巻末のTCP/IP階層モデルを参照。 **正解** ○
TCP/IPのアプリケーション層では、IPアドレスの割当やデータの伝送経路の選択などを行っている。○か×か。	IPアドレスやデータの伝送経路の選択は、インターネット層が行っている。 **正解** ×
トランスポート層の主なプロトコルにはTCPとUDPがある。○か×か。	TCPはエラー復旧を行う信頼のできる通信プロトコル。エラー復旧を行わないUDPはマルチキャストや放送に使われる。 **正解** ○
TCP/IPのインターネット層では、信頼性の高いインターネット通信を行うためのプロトコルが定められている。○か×か。	信頼性を高める通信は、トランスポート層が担っている。 **正解** ×

用語	意味
393 ★★☆ **ネットワークインターフェース層** 略称 / 語源 Network Interface Layer	TCP/IP モデルにおける通信階層の１層にあたる。データを物理的な信号にして伝達することなど、通信の基盤になる部分を担っている。
394 ★★☆ **クライアントサーバーシステム** 略称 / 語源 Client Server System	ユーザーの要求するサービスをクライアントがサーバーに伝達し、サーバーはクライアントを通してユーザーにサービスを提供するといった一連の流れのこと。
395 ★★☆ **クラウドコンピューティング** 略称 / 語源 Cloud Computing	インターネット事業者が用意するサービス（ハードウェアやソフトウェアなど）に対して、インターネットを経由してアクセスし、利用すること。
396 ★★☆ **広域ネットワーク** 略称 / 語源 Wide Area Network	遠く離れたエリアなどの広範囲に繋がるネットワークのこと。WANともいう。
397 ★★☆ **通信方式** 略称 / 語源	通信回線を利用して相互に接続し、情報をやり取りするときの方式のこと。昔は「回線交換方式」が主流であったが、現在では「パケット交換方式」が中心になっている。

例題	解答・解説
ネットワークインターフェース層のプロトコルの１つとして、イーサネットがあげられる。○か×か。	TCP/IP モデルに関しては、第１層～第４層までの役割とプロトコルの区別をつけておくようにしたい。 正解 ○
クライアントサーバーシステムの応答時間は、回線の高速化やサーバーの高性能化によって短縮することができる。○か×か。	クライアントとサーバー間の通信高速化やサーバーの処理能力向上により、応答時間を短縮することができる。 正解 ○
クラウドコンピューティングにより、設備導入などの初期費用を抑えつつ、クラウド経由のサービスやソフトウェアを導入することができる。○か×か。	個人でも Amazon などが提供するサーバーを利用して、一般の人向けのサービスを作成することができる。 正解 ○
通信事業者が提供する広域イーサネットでは、遠隔地同士のネットワークをルータを利用せずに相互接続することができるが、これは LAN を応用したものである。○か×か。	LAN ではなく、WAN（広域ネットワーク）である。LAN は小規模なネットワークのことであり、広域イーサネットの相互接続は WAN を利用する必要がある。 正解 ×
通信方式のうちパケット交換方式の発達により、データをパケットに分割することでネットワーク利用効率を高めてインターネットや LAN などを構成できるようになった。○か×か。	昔の主流である回線交換方式では1：1の通信しか実現できず、効率よくデータを通信することができなかった。 正解 ○

用語	意味
398 ★★☆ **パケット交換方式** 略称／語源 Packet（小包）	1つのデータを一定の長さに分割し、異なる宛先のパケットを同じ回線に混在させて流す方式のこと。
399 ★★☆ **通信メディア** 略称／語源	スマートフォンや通信ケーブル、その他通信機器など、情報を空間的に伝達すること。
400 ★★☆ **同期** 略称／語源 Synchronization	2つ以上の機器やソフトウェアなどで、ファイルやデータを同じような状態に保つ機能のこと。
401 ★★☆ **トレーサビリティ** 略称／語源 Traceability	特定の製品について、誰が、いつ、どこで製造したかも含めて、製品に関する製造から消費、廃棄までの一連の流れを追跡できるようにする技術のこと。
402 ★★☆ **バス** 略称／語源 Bus	コンピュータ内の各装置や周辺機器との間をつないで、データをやり取りするための通路のこと。

例題	解答・解説
回線交換方式の場合、2人の回線は占有された状態になっているためデータの送受信の効率が悪かったが、パケット交換方式にすることで解消された。○か×か。	LANやインターネットを行うにあたっては、パケット交換方式はなくてはならない回線方式となっている。 正解 ○
次のメディアの中から通信メディアに該当するものを選べ。「雑誌」「SSD」「ラジオ放送」「点字ブロック」	通信を介することで情報を伝達するものは通信メディアとなる。 正解 ラジオ放送
Aデバイスのデータを Bデバイスに同期したとき、Bデバイスにしか存在しなかったデータは削除されることがある。○か×か。	同期はコピー&ペーストをするわけではなく、全く同じ状態を2つ作ることになるのでデータが削除される危険性があるので気を付ける必要がある。 正解 
食品などの生産や流通に関する履歴情報を、製造段階まで遡って追跡できるような状態であることをトレーサビリティという。○か×か。	近年では食料品だけでなく、車などの部品メーカーや薬の原材料などにも使われており、不良品や欠陥品の流出を防ぐ一翼を担っている。 正解 ○
コンピュータや機器同士をつなぐデータをやり取りするための通路のことをバスという。○か×か。	機器同士をつなぐUSBのBの部分はBus（バス）の頭文字からきている。 正解 

用語	意味
403 ★★☆ **ピアツーピアシステム** 略称 / 語源 Peer to Peer System	サーバーを介さずにコンピュータ同士が対等にデータのやり取りを行う通信方式のこと。
404 ★★☆ **ルーティング** 略称 / 語源 Routing	パケット転送を行う通信経路の中から最適な経路を選ぶ仕組みのこと。経路選択ともいう。
405 ★☆☆ **DHCP** 略称 / 語源 Dynamic Host Configuration Protocol	IP アドレスなどの通信に必要な情報をコンピュータに対して自動的に割り当てる仕組みのこと。
406 ★☆☆ **PPPoE** 略称 / 語源 Point To Point Protocol Over Ethernet	1990 年代頃に普及した IPv4 における通信方式のこと。プロバイダの ID やパスワードを認証する形でインターネット接続を行う。
407 ★☆☆ **IPoE** 略称 / 語源 Internet Protocol Over Ethernet	IPv6 における通信方式のこと。通信機器が不要でインターネットサービスプロバイダ（ISP）を介して直接インターネット接続を行う。

例題	解答・解説
クライアントとサーバーの区別がなく、コンピュータ同士がデータの提供、受信を相互にし合う通信環境のことをクライアントサーバーシステムという。〇か×か。	クライアントとサーバーの区別がないということは、コンピュータ同士が対等に通信するということであるから、ピアツーピアシステムである。 **正解** ×
データを送信するために、IPアドレスをもとに、送信先への最適な経路選択を行っていくことをルーティングという。〇か×か。	ルーティングを行うときに最適な経路を選択するため、ルータ同士が連携をとってルーティングテーブル（経路情報を指し示す経路表）を作成している。 **正解** 〇
DHCP サーバーを設定した端末には、MAC アドレスが自動的に割り当てられる。〇か×か。	IP アドレスが割り当てられる。MAC アドレスは固有のアドレスであるから、新規で割り当てられることはない。 **正解** ×
PPPoE と IPoE について、インターネット通信量の増加によって混雑の影響をうけやすいのはどちらか。	PPPoE の場合は、電話回線や光回線終端装置を経由してネットワークを接続するため回線が混雑しやすい。 **正解** PPPoE
PPPoE と IPoE について、IPv6 に対応し通信速度が速い次世代の通信形式はどちらか。	PPPoE に比べて、ISP との直接のやり取りで、集線装置も経由しないので混雑が少なく、通信速度も速く安定している。 **正解** IPoE

用語	意味
408 ★☆☆ **NAPT** 略称 / 語源 Network Address Port Translation	1つのグローバル IP アドレスを複数の端末で共有する技術のこと。例えばホームルータにはグローバル IP アドレス1つを割り当て、家庭内の端末（スマートフォンやパソコン）にはそれぞれプライベート IP アドレスを割り当てる。
409 ★☆☆ **NAT** 略称 / 語源 Network Address Translation	グローバル IP アドレスをプライベート IP アドレスに1対1で変換する技術のこと。これを利用して LAN に接続するコンピュータをネットワークにつなぐことができる。
410 ★☆☆ **RFID** 略称 / 語源 Radio Frequency Identification	ID 情報を登録した RF タグを用いて非接触でタグの情報を読み書きする技術のこと。スマートフォンや交通系 IC カードなどで使われている。
411 ★☆☆ **クラウドストレージ** 略称 / 語源 Cloud Storage	インターネットを介してデータを保管する場所のこと。クラウド上にデータを保存し、場合によってはそれを共有したりすることで、データを効率よく保管したり相互利用したりできる。
412 ★☆☆ **転送効率** 略称 / 語源	データなどを転送するときに、転送速度の上限値をもとに、どれくらいの速度が出ているのかを表す指標。転送効率が 50% であれば、転送速度上限値の半分しか出せていないことになる。

例題	解答・解説
グローバル IP アドレスをプライベート IP アドレスに変換する技術で、NAT が 1 対 1 変換であることに対して、NAPT は 1 対多で複数を同時に変換することができる。○か×か。	NAPT は複数のプライベートアドレスを 1 つのグローバルアドレスに変換することが目的である。 正解 ○
NAT はグローバルアドレスとプライベートアドレスを 1 対多で変換することができるため、LAN 内の端末が複数でも十分に対応が可能である。○か×か。	NAT は 1 対 1 でアドレスを変換するものであるので、複数対応するのは難しい。この場合は、NAPT を利用することが適切である。 正解 ×
遠隔地からネットワークを使って、タグの情報を照会して読み書きをする技術のことを RFID という。○か×か。	RFID の認識範囲は数 cm、長くても数 m であるから、遠隔地とのやり取りをするものではない。 正解 ×
クラウドストレージはたとえ個人のストレージであっても、インターネット上にアップロードしていることから、ファイルの管理や個人情報流出などに十分に注意する必要がある。○か×か。	クラウドストレージのことをオンラインストレージともいう。Google ドライブや iCloud などが有名である。個人用ドライブであっても、不正アクセスやウィルス感染の恐れがあることから、ファイルの管理には注意が必要である。 正解 ○
転送効率が 80% の場合、通常転送時間に 10 分必要なデータは何分かかるか?	通信速度を利用者に保証しない方式のことを「ベストエフォート」という。最大限の努力をします、という意味でエフォート（努力）が使われている。 正解 12 分

用語	意味
413 ★☆☆ **ベストエフォート** 略称／語源 Best Effort	通信回線業者が示す最大通信速度のこと。提示した最大通信速度を出すように、業者側ができる限りの努力をするという意味で使われる。
414 ★☆☆ **プライベートIPアドレス** 略称／語源 Private IP Address	学校や家庭など特定のネットワークの中だけで使用できるIPアドレスのこと。
415 ★☆☆ **ARPANET** 略称／語源 Advanced Research Projects Agency Network	インターネットの前身であり、1969年にできた最初の広域パケット交換ネットワークのこと。アーパネットと読む。
416 ★☆☆ **UPS** 略称／語源 Uninterruptible Power Supply	サーバーやネットワーク機器などの大規模なシステムや設備を、急な停電や電源トラブルから守るシステムのこと。緊急時に蓄電池などから安定した電源供給を行うことができる。
417 ★☆☆ **無停電電源装置** 略称／語源 Uninterruptible Power Supply	サーバーやネットワーク機器などの大規模なシステムや設備を、急な停電や電源トラブルから守るシステムのこと。緊急時に蓄電池などから安定した電源供給を行うことができる。UPSともいう。

例題	解答・解説
契約した通信回線のベストエフォートが 1Gbps であった。これはいかなる環境下でも 1Gbps の通信が行えることを約束しているものである。○か×か。	ベストエフォートは通信回線の混雑具合などが最大限良好な環境であるときの速度であり、いかなる環境下でもその回線速度が確約されているわけではない。 正解 ×
プライベート IP アドレスは，学校や家庭などのローカルなネットワーク内であれば自由に使ってよい。○か×か。	プライベート IP アドレスは、ローカルネットワーク内でのみ使用されるアドレスなので、管理者が自由に割り当てることができる。 正解 ○
米国国防省が導入した世界初のコンピュータネットワークであり、インターネットの前身となったネットワークを「ENIAC」という。○か×か。	ARPANET が正しい。ENIAC は 1946 年に開発された初期のコンピュータのことである。 正解 ×
停電時は安全を確保するため、コンピュータやサーバーだけでなく照明器具やテレビにも UPS を導入することで、より安全な対策となる。○か×か。	UPS の電源供給量には限界がある。緊急時に余計なものには電源供給をしてはいけない。 正解 ×
UPS は半永久的に使える電源を用いているため、定期的なバッテリー交換などの保守は不要である。○か×か。	バッテリーの劣化によって UPS が機能しないこともありうるので、定期的な保守やメンテナンスは必須である。 正解 ×

用語	意味
418 ★★★ HDMI 略称 / 語源 High-Definition Multimedia Interface	映像・音声などを同時に1本のケーブルで伝送できる通信規格の1つ。
419 ★★★ USB 略称 / 語源 Universal Serial Bus	現在最も普及しているパソコンと周辺機器を接続する標準規格のこと。
420 ★★★ http 略称 / 語源 Hypertext Transfer Protocol	Web サーバーとブラウザ間の情報のやり取りを行うためのプロトコル。Web サイトの URL の最初に表記される。
421 ★★★ https 略称 / 語源 Hypertext Transfer Protocol Secure	http に対して、SSL 通信によってセキュリティを高めたプロトコル。
422 ★★★ SSL 略称 / 語源 Secure Socket Layer	インターネット上で、サーバーとブラウザ間のやり取りを暗号化し、送受信するプロトコルのこと。

例題	解答・解説
音声付き動画をスピーカー付きモニター等に出力するとき、次のケーブルのうちどれを使うのが最適か。「HDMI」「DVI」「VGA」から1つ選べ。	「VGA」はアナログ信号のため、今後は「HDMI」に統一されていくことが予想される。 **正解** HDMI
USB Type-A, B, C のうち、上下反転させて挿すことができるものを答えよ。	巻末の USB 図を参照。 **正解** Type-C
Web サーバーとクライアントがデータを送受信するための通信規則を http という。○か×か。	http の通信内容は暗号化されていないため、個人情報を盗み取ることが容易である。http:// で始まるURLは暗号化されておらず、https:// で始まる URL は暗号化されている。 **正解** ○
SSL 通信によって、暗号化されているホームページかどうかを判断する方法は、URL を確認すれば簡単に確認できる。○か×か。	URL が https から始まり、URL 欄に鍵マークが表示されている場合、SSL による暗号化が行われている。 **正解** ○
Web ページにアクセスする際に、許可されていない Web サイトへの通信を防止することを SSL という。○か×か。	フィルタリングのこと。URL が「https://」となっていれば、そのサイトは SSL 対応であると判断できる。 **正解** ×

用語	意味
423 ★★☆ IMAP 略称 / 語源 Internet Message Access Protocol	電子メールの受信に使われるプロトコルのこと。メールをメールサーバー上で管理することで、複数の端末から同じメールを読むことができる。
424 ★★☆ POP 略称 / 語源 Post Office Protocol	メールを受信するプロトコルのこと。メールは端末にダウンロードされるとサーバーからは削除される。
425 ★★☆ SMTP 略称 / 語源 Simple Mail Transfer Protocol	メールの送信に使うプロトコルのこと。メールを相手サーバーまで届ける役割を担っている。
426 ★★★ URL 略称 / 語源 Uniform Resource Locator	インターネット上のWebページやファイルの場所を指し示す技術方式のこと。
427 ★★★ WWW 略称 / 語源 World Wide Web	世界中に存在するインターネット上の無数のページを閲覧したり公開したりできるシステムのことで、WWWと表記する。

例題	解答・解説
IMAPはメールを受信するプロトコルで、端末にメールをダウンロードして端末上でメールを管理する。○か×か。	POPが正しい。メールがサーバー上に存在するか否かが、POPとIMAPの大きな違いである。 正解 ×
POPの場合、インターネットを経由してメールを受信しているので、ほかの端末からサーバーにアクセスしてメールを読むことができる。○か×か。	IMAPなら可能である。POP、IMAP、SMTPの違いはよく理解しておきたい。 正解 ×
メールを送受信するときのプロトコルについて、送信時はSMTP、受信時はPOPまたはIMAPが使われていることが多い。○か×か。	メールの送受信プロトコルの問題は頻出なので、それぞれのキーワードを区別し、違いをしっかりおさえておきたい。 正解 ○
次のうち、URL内に含めることができない記号を選べ。「@」「/」「$」「%」	「@」「/」は一般的に使われている。「%」は、URL内の文字を区切る場合に時々使われることがある。 正解 $
「WWW」は世界中に広がるネットワーク網が「蜘蛛の巣」のように見えるということでティム・バーナーズ=リーに名づけられた。○か×か。	インターネット全体を指す用語として、一般的に使われている。 正解 ○

用語	意味
428 ★★★ ワールドワイドウェブ 略称 / 語源 World Wide Web	世界中に存在するインターネット上の無数のページを閲覧したり公開したりできるシステムのこと。WWWと表記する。
429 ★★★ ドメイン名 略称 / 語源 Domain Name	IPアドレスによるインターネット上の住所表記がわかりづらいため、IPアドレスに名前をつけることで、分かりやすい形式にしたもの。
430 ★★★ トップレベルドメイン 略称 / 語源 Top Level Domain	インターネット上の住所を表すドメインの中で、一番右にある階層構造の最上位に位置するドメインのこと。
431 ★☆☆ 第2/第3レベルドメイン 略称 / 語源	ドメイン名の一番右であるトップレベルドメイン（日本では「.jp」）から左に向かって順番に第2/第3レベルドメインとなる。（「.ne.jp」であれば、第2は「ne」となる）
432 ★★☆ ccTLD 略称 / 語源 Country Code Top Level Domain	国ごとに定められたトップレベルドメインのこと。日本は、「.jp」である。

例題	解答・解説
ワールドワイドウェブは、ハイパーテキストとそれらのリンクが網目のように集まったネットワークの集合体である。〇か×か。	WWW は Web ページの集合体であるが、その Web ページはハイパーテキストによって構成されている。 **正解** 〇
コンピュータ同士で通信する場合、「https://www.cqpub.co.jp」のようなドメイン名の状態では通信できないため、DNS サーバーを用いて IP アドレスに変換する必要がある。〇か×か。	DNS サーバーを通して、IP アドレスとドメイン名を相互に変換している。DNS は Domain Name System の略である。 **正解** 〇
「https://www.cqpub.co.jp」の場合、トップレベルドメインは、「.jp」の部分である。〇か×か。	「.jp」は ccTLD とも呼ばれ、国によって定められたトップレベルドメインである。ほかに gTLD もある。詳細は、その項目を参照。 **正解** 〇
「https://www.cqpub.co.jp/aboutcq.htm」の第3レベルドメインは次のうちどれか。「cqpub」「co」「jp」「aboutcq」	URL の末尾から 3 番目なのではなく、トップレベルドメインから左にカウントすることに注意しておきたい。 **正解** cqpub
「.com」「.net」「.uk」「.kr」の中から ccTLD に該当するものを、すべて抜き出せ。	「.tv」（ツバル）のように ccTLD でありながらも、その管理業務を民間に売却し、利益を得ている国も存在する。「.uk」はイギリス、「.kr」は韓国を表す。 **正解** 「.uk」「.kr」

用語	意味
433 ★★☆ gTLD 略称 / 語源 Generic Top Level Domain	分野別に定められたトップレベルドメインのこと。「.com」「.net」などがあげられる。
434 ★★☆ クッキー 略称 / 語源 Cookie	クライアントサーバーシステムにおいて、サーバー側でアクセス履歴を保存することができるファイルのこと。
435 ★☆☆ 短縮 URL 略称 / 語源	長い記述の URL を短くしたもの。サービスを提供する会社が短縮 URL を変換し、目的のサイトが表示されるようにしている。
436 ★★★ ファイアウォール 略称 / 語源 Firewall	インターネットと学校内 LAN との境界に設置するもの。外部からの不正な侵入を防止することができる。また、学校内などの組織から外部への不正なアクセスも禁止する。
437 ★★★ フィルタリング 略称 / 語源 Filtering	ネットワークからの情報を逐一監視し、内容に問題があるものは通信を拒否して遮断する技術のこと。青少年が有害サイトにアクセスするのを防ぐ目的で使われることが多い。

例題	解答・解説
「.org」「.info」「.tv」のうち、gTLDに該当するものを、すべて抜き出せ。	gTLDの1つとして、sTLD（スポンサー付き）というものもある。 **正解** 「.org」「.info」
IDとパスワードを使って認証したWebサイトから離れた後、もう一度Webサイトにアクセスしたところログイン状態が保持された。これはキャッシュの機能によるものである。○か×か。	キャッシュではなくクッキーによるものである。キャッシュは画像やテキスト情報などを一時保存して素早く表示させるものであるからログイン状態の保持には機能しない。 **正解** ×
一定以上URLが長くなる場合には、自動的に短縮URLが発行される。○か×か。	短縮URLはあくまでサービス提供会社が対応表を作成することによって提供されるので、自動的に発行されるものではない。 **正解** ×
ファイアウォールとはサーバー室の入り口に設置するもので、サーバーへの特定の人だけがアクセスできるように管理するものである。○か×か。	ファイアウォールは物理的に設置するものではなく、ネットワークの境界に設置し、不正アクセスを防止するものである。 **正解** ×
ネットワークの境界に設置して、コンピュータへの不正アクセスを防止するソフトウェアのことをフィルタリングという。○か×か。	フィルタリングにはURLで判断する方式の他にコンテンツの内容をリアルタイムで判断する動的コンテンツフィルタリング方式というものがある。 **正解** ×

用語	意味
438 ★★☆ **ホワイトリスト方式** 略称／語源 Whitelist	あらかじめ定義された有益なWebサイトのみをリストアップして、そのWebサイトだけが閲覧可能になる方式のこと。
439 ★★☆ **ブラックリスト方式** 略称／語源 Blacklist	Webページのフィルタリングにおいて、アクセスしてはいけないカテゴリを事前に設定して、アクセスを制御する方式のこと。
440 ★☆☆ **VPN** 略称／語源 Virtual Private Network	通常のインターネット回線に仮想的な専用線を引いて経路を確立し、専用線のように通信できる技術のこと。
441 ★☆☆ **ブロックチェーン** 略称／語源 Blockchain	取引データを記録するサーバーを持たず、暗号資産の決済や取引データはネットワーク上にある参加端末を直接つないで、分散して管理する技術のこと。中央集権型ではなく、データを互いに分散共有し、監視することで取引の正当性を向上させる。
442 ★★★ **データベース** 略称／語源 Database	決まったデータ構造で整理されたデータの集まりのこと。蓄積したデータを目的に応じて抽出して、利用価値を高めることもできる。

例題	解答・解説
フィルタリングの方法の一つで、不適切なWebページリストを作成し、そのサイトを閲覧できなくする方式を「ホワイトリスト方式」という。〇か×か。	ブラックリスト方式のことである。ホワイトリスト方式は閲覧できないサイトが多すぎるため、ブラックリスト方式が利用されることが多い。 正解 ×
フィルタリングの方法の1つでアクセスしてよいものを指定する方式を「ホワイトリスト方式」という。〇か×か。	ブラックリスト方式とホワイトリスト方式をあわせて覚えておきたい。 正解 〇
VPNを利用すると、公共Wi-Fiネットワークでのセキュリティリスクが低減する。〇か×か。	セキュリティのレベルはVPNによって差があるので、情報漏洩などのリスクが0になるわけではない点に注意したい。 正解 〇
ブロックチェーンを組む場合には、クライアントサーバーシステムを用いて、多数のコンピュータをサーバーによって管理する必要がある。〇か×か。	ブロックチェーンは、コンピュータ同士を直接つなぐことで信頼性を担保するため、サーバーは不要である。クライアントサーバーではなくピアツーピアの技術を用いている。 正解 ×
複数人で同時にデータにアクセスすることができ、大量のデータを保存したり抽出したりすることに優れているのがデータベースである。〇か×か。	表計算ソフトやスプレッドシートは、原則として1人で作業することを想定しており、同時にいろいろな人がアクセスしたり大量のデータを処理する場合はデータベースのほうが優れている。 正解 〇

用語	意味
443 ★★★ リレーショナルデータベース 略称 / 語源 Relational Database	データベースの種類の１つで、複数の表として管理し、その表と表との関係性を定義することで複雑なデータベースをわかりやすく表現すること。
444 ★★★ SQL 略称 / 語源 Structured Query Language	SQLは、リレーショナルデータベース（RDB）にデータを保存したり検索したりするときに使うデータベース言語のこと。
445 ★★★ 主キー 略称 / 語源 Primary Key	リレーショナルデータベース（RDB）に登録されたデータ（レコード）から重複のない１つのレコードを特定するための項目のこと。
446 ★★★ テーブル 略称 / 語源 Table	リレーショナルデータベースにおける行と列によって構成される表のこと。
447 ★★☆ DBMS 略称 / 語源 Database Management System	コンピュータ上で、データの整理、分析、検索などを効率的に行うシステムのこと。

例題	解答・解説
行と列によって構成された「表形式のテーブル」と呼ばれるデータの集合を、互いに関連付けて関係モデルを使ったデータベースのことをリレーショナルデータベースという。○か×か。	販売店の例で考えると、顧客テーブル、商品情報テーブル、注文情報テーブル、配送業者テーブルなどをもち、場面に応じて関係づけて利用する。 正解 ○
SQL はプログラミング言語の 1 つであり、データベースを操作する際に用いられる。○か×か。	SQL はデータベースに対してデータを要求したり、書き換えたりするための言語である。プログラミング言語ではない。 正解 ×
主キーが重複してはならない理由は、一意にレコードを識別することができなくなってしまうからである。○か×か。	どの項目も主キーになりえない場合は、二つ以上の項目を組み合わせて「複合キー」をつくることもある。 正解 ○
リレーショナルデータベースでは、テーブルに対して結合、選択、射影などの操作が可能で、用途に応じてデータを扱うことができる。○か×か。	結合、選択、射影の 3 つの操作によって、データベースのテーブルがどのようになるかイメージできるようになっておきたい。 正解 ○
階層型、ネットワーク型、リレーショナル型などの種類を持つデータベースシステムの総称を DBMS という。○か×か。	DBMS の具体的なシステムとしては、MySQL や Microsoft Access などが有名である。 正解 ○

用語	意味
448 ★★☆ **属性** 略称／語源 Attribute	データベースにおける列のこと。フィールド、カラムということもある。
449 ★★☆ **データモデル** 略称／語源 Data Model	データベース内のたくさんのデータを構成や目的に応じて整理し、その関係性を図式化したもののこと。
450 ★★☆ **フィールド** 略称／語源 Field	データベースにおける列のこと。カラムともいう。
451 ★★☆ **レコード** 略称／語源 Record	データベースにおける行のこと。1行あたりにデータベースの列に応じて複数のデータが保管されている。
452 ★☆☆ **仮想表** 略称／語源	データベースから結合、選択、射影などで操作された表のこと。ビュー表ともいう。

例題	解答・解説
データベースにおいて、特定の属性を抜き出して仮想表を新しく作ることを選択という。○か×か。	射影が正しい。なお、属性の別名であるフィールドとカラムについて、意味合いを異なるものとして使うこともある。その場合、フィールドは特定のデータの最小単位のことを示す。表計算ソフトでいうところのセルである。 正解 ×
ビジネス活動によって生じた様々なデータの関係性を図に示し、効果的なデータベースを構築するためのモデル図はデータモデルである。○か×か。	データモデルにも種類が色々あり、階層型データモデルやリレーショナルデータモデルなどがよく使われている。 正解 ○
データベースにおける行のことをフィールドという。○か×か。	データベースにおける行はレコードである。一例ではあるがフィールドにはIDの具体的な番号、01、02、03、04などが記載される。 正解 ×
データベースにおける列のことをレコードという。○か×か。	列はレコードではなく、フィールド（カラム）である。一例ではあるがレコード（行）にはIDや名前、メールアドレスなどが記載される。 正解 ×
特定のデータベースから、SQLなどを使って新しく作り出した表を仮想表という。○か×か。	元の表と仮想表でアクセスできる対象を変えることもできる。その場合、データベース上の特定の属性やレコードのみを表示することも可能である。 正解 ○

用語	意味
453 ★☆☆ キーバリュー型データベース 略称 / 語源 Key Value Database	すべてのデータ（バリュー）と属性（キー）を用いてデータを保存するデータベース形式のこと。リレーショナルデータベース型における表保存によるデータベースとは異なる。
454 ★☆☆ スキーマ 略称 / 語源 Schema	データベースを作成するときに最初に考えるデータベースの設計図のこと。
455 ★★☆ 結合 略称 / 語源	リレーショナルデータベースにおいて、複数の表について共通項目で結び付けを行い、１つの表として表示すること。
456 ★★☆ 選択 略称 / 語源	リレーショナルデータベースにおいて、表から条件に合う行を抽出して、新しい表として表示すること。
457 ★☆☆ 射影 略称 / 語源 Projection	特定のデータベース（DBMS）の中から一部の列だけを抽出して表示すること。

例題	解答・解説
属性と値を１対１に管理するデータベースをキーバリュー型データベースという。○か×か。	キーバリュー型データベースは、{“属性”.”値”.“属性”.”値”}のような形で保存されていく。構造が単純であるためリレーショナル型データベースより処理は速い。 正解 ○
データベースの設計図のようなもので、そのデータベースの根幹や利用などに大きく影響する構造のことをスキーマという。○か×か。	スキーマの種類には、概念スキーマ、外部スキーマ、内部スキーマがある。 正解 ○
テーブル同士を共通する項目で結びつけて、１つの表として表示することを選択という。○か×か。	正解は結合である。例えば「学年 / 組」をキーに、「生徒一覧」と「出身中学校」を結合するなどの操作ができる。 正解 ×
リレーショナルデータベースにおいて、表から任意の列を選び、新しい表として表示することを選択という。○か×か。	任意の列を選ぶことは射影である。行と列の違いを理解しておきたい。 正解 ×
DBMSにおいて、与えられた条件に合う行を取り出して表示することを「射影」という。○か×か。	条件に合う行を取り出すことは「選択」といわれる。 正解 ×

用語	意味
458 ★☆☆ ビュー表 略称 / 語源 View Table	データベースから結合、選択、射影などで操作された表のこと。仮想表ともいう。
459 ★★★ bps 略称 / 語源 Bits Per Socond	1秒間に転送することができるデータ数の単位のこと。
460 ★★★ アップロード 略称 / 語源 Upload	ネットワークを通じて、データやファイルなどをほかのコンピュータやクラウドなどに転送して、閲覧・使用できるような状態にすること。
461 ★★★ ストリーミング 略称 / 語源 Streaming	インターネット上で、動画や音声ファイルを再生する方式の1つで、ダウンロード方式と異なり、データを受信しながら再生を行うもの。ダウンロードの待ち時間を少なく再生することができる。
462 ★★★ ダウンロード 略称 / 語源 Download	通信回線やネットワークを通じて、ファイルやデータを入手すること。

例題	解答・解説
ビュー表は元の表と同じように扱うことができるが、実データはその表の中には存在していない。○か×か。	ビュー表に対して、元の表のことは実表という。 **正解** ○
16bps は 1 秒間に 16bit のデータを転送できることを表す。○か×か。	bps の前に来る数字が大きければ大きいほど、その回線速度が速いことがわかる。みんなの持っているスマートフォンが基地局とデータをやりとりする際には、数十 Mbps の速度が出ている。ここで、M は 10 の 6 乗である。 **正解** ○
ファイルを USB メモリなどの記録媒体に保存し、ほかのコンピュータにそのファイルを移動させることをアップロードという。○か×か。	アップロードは、あくまでネットワーク経由でファイルを転送する際に用いられる言葉である。USB メモリ経由ではネットワークは使用していない。 **正解** ×
ストリーミング再生では、動画の再生を終了させてほかのページに移動してもデータが破棄されることはない。○か×か。	ダウンロード再生ではデータは保管されるが、ストリーミング再生では破棄されてしまう。 **正解** ×
回線速度が 40Mbit/ 秒の回線を使って、10Mbyte のファイルをダウンロードするとき、かかる時間は何秒か。	回線速度を byte 表記すると、40 ÷ 8=5Mbyte/ 秒。よって、10 ÷ 5=2（秒） **正解** 2 秒

用語	意味
463 ★★★ **データサイエンス** 略称 / 語源 Data Science	数学や統計学、機械学習、プログラミングなどの理論を活用して、データを分析してビジネス上の意思決定をサポートすること。
464 ★★★ **ビッグデータ** 略称 / 語源 Big Data	全体を把握することが人間には難しいような膨大なデータのこと。種類もたくさんあり、リアルタイムで収集、蓄積されている。
465 ★★☆ **アクセスログ** 略称 / 語源 Access Log	サーバーに対する通信や命令を記録したもの。アクセスしたユーザやIPアドレスなどの情報が記録されている。
466 ★★☆ **データマイニング** 略称 / 語源 Data Minig	大量のデータの中から、特定のデータの出現する傾向や法則などを科学的に見いだして分析する技術のこと。
467 ★★☆ **雑音** 略称 / 語源 Noise	画像や動画、音声などのデータや情報の集合体において、利用の目的に対して不要な要素や部分のこと。ノイズともいう。

例題	解答・解説
統計学や機械学習などの手法を用いて大量のデータを解析し、問題解決のアイディアを提示する人のことを「システムアーキテクト」という。○か×か。	データサイエンティストのこと。システムアーキテクトは、システムの要件定義、設計、開発を主導する人物のこと。 正解 ×
ビッグデータを分析するには、統計学的な分析だけでなく機械学習を用いた分析も必要に応じて行っていく必要がある。○か×か。	ビッグデータは常に収集、更新されており、時には機械学習による分析なども扱っていくことで、問題解決に対して効果的に活用することができる。 正解 ○
アクセスログは一般に公開されているもので、そのアクセスログを調べれば、サイトにアクセスしたユーザを類推することができる。○か×か。	一般的にアクセスログはサーバー管理者以外は閲覧できない。管理者が調べれば、ユーザを類推することは可能である。 正解 ×
商品 A を買う人は、商品 B も一緒に買う傾向があることを調べるため、コンビニの販売履歴のデータベースから分析を行ったので、これはデータマイニングである。○か×か。	ここでは、商品でデータマイニングを行ったが、他にもいろいろなマイニングがある。テキストマイニングは、データマイニングの手法の 1 つである。 正解 ○
デジタルではノイズが混ざるとアナログより処理するのが難しい。○か×か。	アナログの波形は連続的であるからノイズが加わった波形を処理するのは難しいが、デジタルではノイズによる変化を検出しやすく修正がききやすい。 正解 ×

用語	意味
468 ★★☆ ノイズ 略称 / 語源 Noise	画像や動画、音声などのデータや情報の集合体において、利用の目的に対して不要な要素や部分のこと。雑音ともいう。
469 ★★☆ パリティビット 略称 / 語源 Parity Bit	データの転送時に誤りがあるかどうかを検出するためにつける符号のこと。使用時は、奇数（odd）か偶数（even）かを指定する。even指定時に仮に7ビットのデータが1010010だったときは末尾に1を付加して10100101とする。
470 ★☆☆ 誤り検出符号 略称 / 語源 Edc(Error-Detecting Code)	データの記録や伝送中にノイズが入るなどして起きた誤りを検出するための符号のこと。
471 ★☆☆ メタデータ 略称 / 語源 Metadata	特定のデータに対して付記される、データを説明するためのデータのこと。
472 ★☆☆ 階層構造 略称 / 語源 Hierarchical Structure	Webサイトやフォルダなどで、さらに小分類のページやフォルダを置いて、全体像をわかりやすい構造にすること。

例題	解答・解説
データをやり取りするときに、ノイズによってデータが誤って書き換わってしまうことがないように、複製したデータを色々な手段を使って相手に複数送付する必要がある。○か×か。	パリティビットなどの誤り検出符号を使って、ノイズによる影響をチェックすることができる。複製したデータを色々な方式で送付することは、セキュリティ上の危険や煩雑さがあるため避けるべきである。 正解 ×
7ビットのデータが1111111であり、パリティは奇数（odd）だったとする。このときパリティビットの値はなにか。	0を付加して11111110となる。通信データにパリティビットを付加することで、送信ミスや受信ミスを検知できる。 正解 0（ゼロ）
ノイズ等によって、データビットの0と1が入れ替わってしまう可能性を考慮し、誤りを確認するためのデータを加える際に使う符号を誤り検出符号という。○か×か。	共通テスト試行問題で出題された「パリティビット」と大きく関連した内容となっている。 正解 ○
写真をSNSにアップする際には、画像内に個人情報に繋がるものが含まれているかだけを確認すればよい。○か×か。	撮影時の設定によっては、撮影場所や日時などがメタデータとして付随している場合がある。 正解 ×
フォルダ内のファイルが多くなり、目的とするファイルが見つかりにくくなったときにはフォルダ内を小分類に分けて階層構造にすることで見つけやすくできる。○か×か。	階層構造はフォルダだけでなく、組織やプログラミング、データベースなどにも存在し情報整理や管理に役立っている。 正解 ○

用語	意味
473 ★☆☆ テキストマイニング 略称／語源 Text Mining	膨大なテキストの山から、有益な情報を取り出すことの総称。
474 ★☆☆ オープンデータ 略称／語源 Open Data	国や自治体、事業者が保有するデータを誰でも使えるように公開したもの。インターネットなどを通じて利用する。
475 ★☆☆ クローズドデータ 略称／語源 Closed Data	関係者しか閲覧することができない非公開データのこと。
476 ★☆☆ 箱ひげ図 略称／語源	データを並び替えた後に25%ずつに4分割して、その散らばり具合を表している図のこと。データの最大値、最小値、四分位数などを表す。
477 ★☆☆ バブルチャート 略称／語源 Bubble Chart	2つの相関関係を示す散布図に対して、さらにもう1つの量的データを加えて円の大きさで表すグラフのこと。

例題	解答・解説
アンケートの記述欄などの集計において、単語の出現傾向などを分析することをテキストマイニングという。〇か×か。	アンケートの記述、コールセンターへの問い合わせ内容、SNS 上のクチコミなどの分析に利用されている。 正解 〇
オープンデータとは、事業所の売上や在庫などの事業運営に役立つデータであり、提供元が提供先を限定して公開しているデータである。〇か×か。	オープンデータは公開先を特定しておらず、一定の条件下のもとで誰もが利用することができる。 正解 ×
クローズドデータは非公開のデータであるから、そのデータにアクセスする関係者であっても、そのデータを基にしたデータ分析をしてはならない。〇か×か。	非公開データの分析を基に企業がサービスの質や在庫管理などの改善を行うケースは多い。 正解 ×
2 つの変数間の相関関係の強さを視覚的に表すための図のことを「箱ひげ図」という。〇か×か。	相関関係を表す図は、散布図のことである。箱ひげ図は、駅ごとの家賃のばらつき具合を見たり、クラスごとのテスト点数のばらつきを把握することに役立つ。巻末の箱ひげ図を参照。 正解 ×
バブルチャートでは、3 変数以上のデータの関係性を表すことができる。〇か×か。	バブルチャートは、縦軸、横軸、円の 3 変数までである。巻末のバブルチャート図を参照。 正解 ×

用語	意味
478 ★☆☆ ヒストグラム 略称 / 語源 Histogram	データをいくつかの階級に分けて、度数と合わせて縦軸横軸にグラフ化したもの。データの分布を視覚的に表現することができる。
479 ★☆☆ フェルミ推定 略称 / 語源 Fermi Estimate	一見予想もつかないような数字を、論理的思考能力を用いて値を推定すること。
480 ★☆☆ レーダーチャート 略称 / 語源 Radar Chart	複数の項目がある変量について、正多角形上に表示して、分かりやすく表現したもの。
481 ★☆☆ 疑似相関 略称 / 語源 Spurious Correlation	2つの事象に対して因果関係がないにも関わらず、見えない要因によって因果関係があるかのように推測されること。
482 ★☆☆ サンプル数 略称 / 語源 Sample Size	1つの標本内にあるデータの個数のこと。

例題	解答・解説
データを可視化するための図の１つで、データの最大値、最小値、四分位数などを図に表したものを「ヒストグラム」という。○か×か。	ヒストグラムではなく箱ひげ図の説明になっている。ヒストグラムは階級と度数によってデータの分布を表現している。 正解 ×
「日本国内にある自動販売機の台数を求めよ」という問いに答えを出すのは大変であるが、適切なデータを用いてフェルミ推定を使うことで、だいたいの値を推定することができる。○か×か。	フェルミ推定で正確な答えがでるわけではないが、だいたいの分析や傾向を知ることはできる。正確なデータを用いることが前提であるため、政府や自治体など信頼できる情報元から引用したい。 正解 ○
別名クモの巣グラフともいわれる、複数のデータの値のバランスを正多角形上に表したものをレーダーチャートという。○か×か。	ゲームで目にしたことがあるかも知れない。野球選手、サッカー選手、レーシングマシンの特徴を多角形で表している。 正解 ○
アイスの売上と海難事故の件数をデータ分析したところ正の相関が認められた。この２つの事象は一般論として因果関係があるようには見えない。このような２つの関係性を疑似相関という。○か×か。	この場合は、背景に「気温」という第３の事象があり、その事象を通してアイスと海難事故に因果関係があるように見えてしまっている。統計分析を行う上で、疑似相関には注意が必要であり、因果関係を示すことの大切さがよくわかる事例である。 正解 ○
40 人クラスの中で出席番号が偶数かつ３の倍数の生徒を抽出した場合、サンプル数はいくつになるか。	６の倍数の生徒数を求めればよい。最大が $6 \times 6 = 36$ であるから６人となる。 正解 6

用語	意味
483 ★★☆ 量的データ 略称 / 語源	数量的な意味合いをもち、数字の大小によってそのデータの性質が決まるもの。
484 ★★☆ 質的データ 略称 / 語源	数量的な意味合いではなく、分類や種別を区別するためのデータのこと。
485 ★★☆ 名義尺度 略称 / 語源 Nominal Scale	順序や順番ではなく、性別や好きなスポーツ、得意な教科など、名前やラベルで異なる分類として区別する尺度のこと。
486 ★★☆ 比率尺度 略称 / 語源 Ratio Scale	身長や給料のように、数値の比にも数量としての意味がある尺度のこと。
487 ★★☆ 順序尺度 略称 / 語源 Ordinal Scale	5段階成績評価や地震の震度、服のサイズのような分類の順序に意味を持つ尺度のこと。

例題	解答・解説
次のうち、量的データとして一般的に最も適切なものを答えよ。「好きなスポーツの種類」「50m 走の記録」「自動車の型番」「クラスの出席番号」	量的データは数値の大小に意味があるものであるから、50m 走の記録が一般的に適切といえる。しかし、稀なケースだが、名字と出席番号の関係性を分析する場合であれば、クラスの出席番号も量的データとして扱うこともできるかもしれない。 **正解** 50m 走の記録
次のうち、質的データとして一般的に最も適切なものを答えよ。「スマートフォンの製造番号」「身長」「テストの得点」「学習時間」	スマートフォンの製造番号は、種類や製造元などを区別する番号であるから、質的データであると言える。 **正解** スマートフォンの製造番号
名義尺度は量的データと質的データどちらに分類されるか答えよ。	名義尺度は名前によるラベリングの区別であり、数量的な意味は持たないため、質的データである。 **正解** 質的データ
比率尺度は量的データと質的データどちらに分類されるか答えよ。	例えば給料が毎月 20 万円の場合、それが 2 倍の 40 万円になれば給料が 2 倍になっているということである。このように数値に比としての意味を持つ場合は比率尺度といえる。 **正解** 量的データ
英検 1 級 /2 級 /3 級といった表現は順序尺度である。○か×か。	順序尺度は 1 級＋ 2 級≠ 3 級といったように足し算ができない。順序や大小には意味がある。 **正解** ○

用語	意味
488 ★★☆ 間隔尺度 略称 / 語源 Interval Scale	西暦や気温、偏差値など、メモリが等間隔になっていて、大小関係だけでなくその間隔に意味がある尺度のこと。
489 ★★☆ 標本調査 略称 / 語源 Sampling Survey	母集団の中から一部の人を抽出して、調査を行うこと
490 ★★☆ 単純集計表 略称 / 語源	それぞれの選択肢を選んだ全体からの比率や、全体の傾向をつかむために利用される集計表のこと。
491 ★★☆ 直線回帰 略称 / 語源	散布図でプロットした点（データ）を直線関係と仮定して近似すること。
492 ★★☆ 全数調査 略称 / 語源 Complete Census	調査対象となるものすべてを調べる調査のこと。データの信頼性は高いが、コストや労力がかかる。

例題	解答・解説
タレントの好感度を0から10で、1点刻みで答えてもらったアンケート結果を持っている。この結果は間隔尺度で表されている。○か×か。	間隔尺度は、比には意味が無い尺度である。例えば好感度が2から4になったとしても、2倍になったとは言えない。 正解 ○
標本調査を行うにあたって、母集団から一部の人を抽出するときには調査側の意図した結果になるように作為的な抽出をしてはならない。○か×か。	意図的な抽出によって、必要なデータが得られなくなってしまうことがあるので、標本調査を行うときには注意が必要である。抽出方法にも無作為抽出、有意抽出などいろいろな手法が存在する。 正解 ○
単純集計表は全体の傾向をつかむには便利だが、特定の層や属性にフォーカスを当てていないので、データを深堀りするにはクロス集計表を用いたほうが良い。○か×か。	単純集計表とクロス集計表、それぞれ長所短所が異なるので、データを分析する際には適切な表を、あるいは両方の表を参照して分析する必要がある。 正解 ○
直線回帰によって、2つのデータの関係を一次関数によって近似したものを回帰直線という。○か×か。	2つのデータの関係性は、直線近似以外にもさまざまなモデル関数を使って、グラフで表現できる。 正解 ○
学校内の全校生徒を対象とした研究について、時間の関係で1つのクラスの生徒を抽出しその全員に対して調査を行った。これは全数調査である。○か×か。	1クラスを抽出した場合は標本調査となる。全校生徒を対象としているので、全数調査にするためには全校生徒に調査をかけなければならない。 正解 ×

用語	意味
493 ★★☆ 尺度水準 略称／語源 Level Of Measurement	データがもつ情報や性質に基づいて、量的データ（比率尺度、間隔尺度）と質的データ（順序尺度、名義尺度）に分類するための水準のこと。
494 ★★☆ 散布図 略称／語源 Scatter Plot	横軸と縦軸の2つの項目で量を計測し、データが当てはまるところに点を打ち、2つの項目に相関があるかどうかを視覚的に確認するための図のこと。
495 ★★☆ 共分散 略称／語源 Covariance	2つのデータの関係における相関係数の正負を判別するための数値のこと。ただし、相関係数が0に近い場合は相関がないことから、必ずしも共分散の正負によって、相関関係があることが確定するわけではない。
496 ★★☆ クロス集計 略称／語源	アンケートデータを集計する方法の1つ。複数の属性や項目などで掛け合わせ、それぞれに該当する度数を集計する方法のこと。
497 ★★☆ クロスチェック 略称／語源 Cross Check	2つ以上の異なる視点から情報を照らし合わせたり調査検証することで、その情報の信憑性を確認すること。

例題	解答・解説
クラス内の 50m 走の記録をデータにしたもの尺度水準で分類すると「比例尺度」に相当する。○か×か。	50m 走の記録のように、数値の差とともに数値の比にも意味がある尺度を比例（比率）尺度という。 **正解** ○
散布図は 2 種類のデータの関係性を表すことを目的として用いる。○か×か。	散布図は、縦軸・横軸に 2 項目の量や大きさ等を対応させて、分析対象のデータを打点した図である。2 項目間の分布・相関関係を把握するのに使用される。巻末の散布図を参照。 **正解** 
共分散の値が正であるとき、相関関係が負の相関になることはない。○か×か。	共分散の値が正の場合は、相関係数が 0 に近ければ相関関係なし、1 に近ければ正の相関になるので、負の相関になることはない。 **正解** 
クロス集計表は単純集計表と比較して、項目間の相互関係をわかりやすく表現することができる。○か×か。	巻末のクロス集計表を参照。 **正解** ○
デュアルシステムのように複数のコンピュータで全く同じ処理をして、その結果を照合して一致していることを確認することを「クロスチェック」という。○か×か。	与えられた情報を鵜呑みにせず、ほかの情報と比較するなどして、メディアリテラシーを高めていくことが情報の受け手には求められている。 **正解** 

用語	意味
498 ★★☆ **回帰直線** 略称 / 語源 Regressionline	散布図に描かれた2組のデータについて、その中心的な分布傾向を表すために引く直線のこと。回帰直線は最小二乗法によって求められる。
499 ★☆☆ **決定係数** 略称 / 語源	回帰直線や回帰式などが実際のデータに対して、どれだけ説明力を持っているかを示す値のこと。0から1までの数値で、1に近いほど説明力がある。
500 ★★☆ **回帰分析** 略称 / 語源 Regression Analysis	結果による数値、要因となる数値の関係を調べて、それらの関係性を統計的に分析すること。
501 ★☆☆ **外れ値** 略称 / 語源	収集したデータのなかで、ほかの多数のデータから突出して大きく離れたデータのこと。
502 ★☆☆ **欠損値** 略称 / 語源	データの収集時に回答が空欄であったり、収集されなかった場合の値のこと。

例題	解答・解説
相関係数の値と回帰直線の傾きは同じ値である。○か×か。	どちらも散布図に関連する内容だが、相関係数は－１～１を推移するのに対して、回帰直線の傾きは最小二乗法によって求まるため、数値としては全く異なる。 **正解** ×
決定係数が１に近ければ近いほど、データが回帰直線の近くに集まっているといえる。○か×か。	決定係数が１に近くても、交絡因子が存在する場合は因果関係があるとはいえない。 **正解** ○
回帰直線を用いて、過去のデータがどのような原因によって起こっているかを分析し、将来を予測する分析方法を回帰分析という。○か×か。	要因となる数値を説明変数というが、これが１つの場合は単回帰分析、複数の場合を重回帰分析という。 **正解** ○
外れ値があまりにも大きい場合は、平均値を代表値として扱うことは適切ではない。○か×か。	外れ値が大きく、平均を大きく動かしてしまう場合は、中央値を代表値として扱うほうがよい。 **正解** ○
収集したデータの中で、ほかのデータから大きく離れた値のことを欠損値という。○か×か。	「外れ値」のことである。 **正解** ×

用語	意味
503 ★★☆ **異常値** 略称 / 語源 Abnormal Value	データにおける外れ値の中でも、その値が外れてしまう原因が明確になっているもの。
504 ★★☆ **KJ 法** 略称 / 語源 文化人類学者の川喜田二郎（Kawakita Jiro）	ブレインストーミング等で得られた情報をカードにかき、グループ化して分類していく発想法のこと。
505 ★★★ **モンテカルロ法** 略称 / 語源 Monte Carlo Method	乱数を用いてシミュレーションを繰り返し行うことによって、近似的な確率の推定値を求める手法のこと。
506 ★★★ **棒グラフ** 略称 / 語源 Bar Graph	数量の大きさを視覚的にとらえるために、数量を長方形の長さで表したグラフのこと。
507 ★★★ **母集団** 略称 / 語源 Population	標本調査を行うときに、抽出元である集団全体のこと。

例題	解答・解説
実験データを集計した結果、データのうち1つが操作ミスによって計測されてしまった外れ値であることが明らかになった。この外れ値を欠損値という。○か×か。	欠損値は何らかの理由で記録されなかった値のことである。外れ値になっているということは記録自体はされているので、原因がわかる場合は異常値として扱う。 正解 ×
情報整理の手法の1つで、カードに書いたたくさんの情報を、種類や内容などでグループ分けしていく方法をKP法という。○か×か。	KJ法が正しい。KP法は紙芝居プレゼンテーション法のこと。KJ法実行時、情報を引き出すにあたっては、「自由な発言」「批判しない」「質より量を出す」ことが大切であるとされている。 正解 ×
さいころで1の目がでる確率が1/6であることを示すために、乱数を用いて何万回と試行を行うことで確率を1/6に近づけていく手法をモンテカルロ法という。○か×か。	乱数を適用する際には表計算ソフトを使用すると良い。主にRAND関数を用いてシミュレーションを行う。 正解 ○
「棒グラフ」では降水量や月ごとの人口推移を視覚的にわかりやすく表現することができる。○か×か。	グラフの種類はたくさんあるので、それぞれの特徴をよく理解し、どのデータにどのグラフを当てはめるのが適切か判断できるようにしておきたい。棒グラフは加算することに意味のあるデータに用いられる。 正解 ○
統計において、調査や観察の対象とする集団全体のことを母集団という。○か×か。	標本調査を行う場合には、母集団から偏りなく抽出して調査を行う必要がある。 正解 ○

用語	意味
508 ★★★ **分散** 略称 / 語源 Variance	データの偏差を２乗したものの平均値のこと。分散の正の平方根を考えることで標準偏差を求めることができる。
509 ★★★ **標準偏差** 略称 / 語源 Standard Deviation	データの偏差を２乗したものの平均値（＝分散）の正の平方根のこと。
510 ★★★ **相関（相関関係）** 略称 / 語源 Correlation	一方が変化すれば他方も変化するように相互に関係しあうこと。ともに大きく（小さく）なる正の相関、片方が大きくなるともう片方が小さくなる負の相関に分かれる。
511 ★★★ **相関係数** 略称 / 語源 Correlation Coefficient	相関の強さの強弱を判断するための係数のこと。－１から１までの間で動き、絶対値が１に近いほど相関が強くなる。
512 ★★★ **最小二乗法** 略称 / 語源	回帰分析に使う手法の１つで、回帰直線などと実際のデータの誤差を最小にするために用いられる計算方法のこと。

例題	解答・解説
分散に根号をつけて標準偏差を求める理由を簡単に説明せよ。	分散は偏差からの絶対値を求める関係で計算上2乗をする必要がある。すると、単位も2乗されたままになってしまうため、単位を元に戻すために根号をつける必要がある。 正解 単位を調整するため
5人の小テストの得点は、全員100点であった。この場合の標準偏差の値はいくつか。	偏差が0であれば当然標準偏差も0となる。標準偏差はデータの散らばりの度合いを表す。数字が大きければ大きいほど、散らばったデータとなる。 正解 0
2つのデータに相関があれば、そのデータは原因と結果からなる因果関係を持つことが分かる。○か×か。	相関関係があれば因果関係が成り立つとは限らない。例えばアイスの売上と海難事故の件数は相関することが知られているが、これらは原因と結果からなる因果関係とは言えない。 正解 ×
相関係数が0.8のとき、2つのデータには正の相関があるといえる。○か×か。	相関係数が正で1に近い値であるため、強い正の相関があると言える。逆に、負で−1に近い値であれば、負の相関になる。 正解 ○
最小二乗法において、データと回帰直線の誤差を2乗する意図は絶対値より2乗のほうが誤差を計算しやすいからである。○か×か。	巻末の最小二乗法を参照。 正解 ○

用語	意味
513 ★★★ 円グラフ 略称／語源 Pie Chart	数値の傾向や特徴を円のグラフにして表したもの。扇形の面積で比較できるため、大小関係が強調された形で伝わる。
514 ★★★ 折れ線グラフ 略称／語源 Line Graph	気温などのように、一定間隔で取得したデータの変化を視覚的に捉えやすくする目的で折れ線を使って表したグラフのこと。
515 ★★★ 検索サイト 略称／語源	インターネット上に公開されている膨大な情報の中から、ユーザーが探したい情報を検索して見つけるためのサイトのこと。Google検索やYahoo検索のこと。
516 ★★★ ハイパーリンク 略称／語源 Hyperlink	文章や画像の中に埋め込む、ほかの情報へのリンクを設定する機能のこと。
517 ★★★ ヘッダー 略称／語源 Header	データや文章の先頭につけられる情報のこと。文章ファイルなどで各ページの上部につけられるタイトルや日付などが例にあがる。

例題	解答・解説
各項目が全体の中でどれくらいの割合を占めているかを視覚的にわかりやすく表現するには、棒グラフを用いると良い。〇か×か。	棒グラフは、状況の推移やデータの変化に用いられる。割合の場合は、「円グラフ」を使うと良い。 正解 ×
年間平均気温の推移などのように一定の区切りにおけるデータの変化をグラフで表現するときに折れ線グラフは有効である。〇か×か。	棒グラフも有効であるが、降水量などの加算することに意味のあるデータに用いられることが多い。 正解 〇
検索サイトの論理演算として「AND」「OR」「NOT」検索などを用いることで、効率よく情報を検索することができる。〇か×か。	検索サイトによる情報だけでは見つからないことも多々あるので、文献や資料館などの資料にも目を通しておきたい。 正解 〇
Web サイト内の画像をクリックすると、別の Web サイトに飛んだ。これはクリックした画像にハイパーリンクが設定されていたからである。〇か×か。	Excel のシートにハイパーリンクを設定すると、Web ページを開くだけでなく、パソコン内のファイルを開いたり、シート内の別のセルに移動したりできる。 正解 〇
ホームページの上部にあるタイトルやロゴなどを表記しておく場所のことをヘッダーという。〇か×か。	文書ファイルだけでなく Web ページにもヘッダーやフッターは存在する。 正解 〇

用語	意味
518 ★★★ **フッター** 略称／語源 Footer	データや文章の末尾につけられる情報のこと。文章ファイルなどで各ページの下部につけられるページ番号などが例にあがる。
519 ★★★ **ブラウザ** 略称／語源 Browser	インターネットを介してWebサイトを閲覧するためのソフトウェアのこと。パソコンでWeb検索する際に利用している。
520 ★★★ **ブログ** 略称／語源 Blog（Web+Log）	筆者の日常や意見、考えなどを時系列に公開することができるWebページのこと。
521 ★★★ **リンク** 略称／語源 Link	Webページや文書ファイルなどで、クリックすると別のページに飛ぶような設定をされている部分や機能のこと。
522 ★★☆ **Webアプリケーション** 略称／語源 Web Application	Web上で動作し、インターネットなどのネットワークからアクセスし利用することができるアプリケーションのこと。

例題	解答・解説
フッターは、ページの下部に設定されるものであるから、そのページにある文章の内容をまとめた重要事項を記入するとわかりやすい。〇か×か。	フッターはページ番号や補足情報を記述するのが一般的であり、重要事項などは本文に記述するべきものである。 正解 ×
Google Chrome は Web ブラウザである。〇か×か。	Web ブラウザには閲覧履歴やログイン ID、パスワードを記録する機能があるため、知っておくと便利に、効率良く使える。プライバシーや安全性に関わることでもあるため Web ブラウザの設定は熟知しておきたい。 正解 〇
ブログは個人の意見や感想を述べる場であるから、どのような内容であっても自由に意見を投稿して良い。〇か×か。	インターネット上に公開することになるので、SNS 同様に注意が必要である。内容が法律に違反している場合、処罰が下ることもある。 正解 ×
Web ページ上でハイパーテキスト形式によって作られている画像をクリックすることで、特定の Web サイトに移動するような仕組みのことをリンクという。〇か×か。	自分のブログなどで特定のリンクを貼ったときに、リンクを貼られたサイト側に自動で貼られたことを通知し表示する仕組みのことをトラックバックという。 正解 〇
Web アプリケーションを利用するためには、そのアプリケーションサービスを提供する事業者からアプリをインストールしなければならない。〇か×か。	事業者によっては、インストールできるアプリを提供していることもあるが、基本的にはブラウザ上で動作させることができる。 正解 ×

用語	意味
523 ★★☆ **Webブラウザ** 略称/語源 Web Browser	インターネット上でWebページ等を閲覧するために必要となるソフトウェアのこと。
524 ★★☆ **アクセシビリティ** 略称/語源 Accessibility	年齢や国籍など関係なくどんな人に対しても、ユーザーが機器やシステムなどを便利に効果的に使える状態のことを表す。「近づきやすい」「利用しやすい」という意味をもつ。
525 ★★☆ **オプトアウト方式** 略称/語源 Opt-Out	企業がサービスや商品の広告などを、「受け取りたくない」と意思表示した人に提供せず、それ以外の人に提供すること。
526 ★★☆ **オプトイン方式** 略称/語源 Opt-In	サービスや商品の広告提示などに関して、ユーザーが企業にあらかじめ許可を与えること。
527 ★★☆ **コンテンツ** 略称/語源 Contents	メディアによって発信される、受け手にとって意味のあるひとまとまりの情報のこと。

例題	解答・解説
次のうち、現在利用されているウェブブラウザの例としてふさわしくないものがあれば選べ。「Microsoft Edge」「Google Chrome」「Firefox」「JavaScript」	JavaScript はプログラミング言語であり、ブラウザではない。 **正解** JavaScript
特定のファイルを友人に共有した。この作業のことをアクセシビリティという。○か×か。	アクセスできるように共有することはアクセス権の設定である。アクセシビリティは幅広い人たちに対して、使いやすく利用しやすい状態を示している。 **正解** ×
オプトイン方式とオプトアウト方式について、ユーザーが受け取りたくないと意思表示した場合のみ提供しない方式はどちらか。	意思表示しない場合には、許可を与える与えないの区別なく、提供されてしまう。 **正解** オプトアウト方式
メール配信を行う業者は、ユーザーの同意を得ることでメールを送信できる。○か×か。	オプトインは受信者側に、オプトアウトは送信者側に主導権がある。 **正解** ○
デジタルコンテンツとは、デジタルデータによって提供される映像、音声、文字などの内容や中身のことを表している。○か×か。	インターネットコンテンツなど、特定の言葉に「コンテンツ」とつけることで、その中身のことを表す言葉になる。 **正解** ○

用語	意味
528 ★★☆ **コンテンツフィルタリング** 略称／語源 Contents Filtering	情報を受信するときに、必要な情報だけを選別し、有害な情報が侵入することを防ぐ手法のこと。
529 ★★☆ **サインイン** 略称／語源 Sign In	ユーザーIDとパスワードを使って利用資格があることを証明して認証を受けること。ログイン、ログオンともいう。
530 ★★☆ **ログイン** 略称／語源 Log In	ユーザーIDとパスワードを使って利用資格があることを証明して認証を受けること。サインイン、ログオンともいう。
531 ★☆☆ **GIS** 略称／語源 Geographic Information System	様々な地理空間情報を重ね合わせて表示し、データの加工や管理をしたり分析を行うシステムのこと。
532 ★☆☆ **SEO対策** 略称／語源 Search Engine Optimization	自社のWebサイトをより多くの人に閲覧してもらうために、検索サイトで上位に表示されるように検索エンジン最適化を行うこと。

例題	解答・解説
Web セキュリティの 1 つで、情報の受信時に有害な情報が表示されないように選別して受信することをコンテンツフィルタリングという。○か×か。	電子メールにもコンテンツフィルタリングがあり、あらかじめ登録された単語と照合することで、情報漏えいの疑いがある電子メールを検知して停止することができる。 正解 ○
サインインは、自分のメールアドレスを使ってサインインすることもあるが、Google、Apple などのアカウント ID を使ってサインインすることもできる。○か×か。	Google や Apple の他に SNS のアカウントを使ってサインインすることをソーシャルログインと呼ぶ。 正解 ○
ログイン時に、ユーザー ID とパスワードの認証に加えて、秘密の質問への答えの入力を求めることで、認証の精度を高めることができる。○か×か。	質問項目が多ければ多いほど認証精度は高まる。この場合は 2 段階認証を行ったことになる。 正解 ○
地球上に存在する様々な地形や物体をコンピュータ上の地図に可視化して、情報を分析することができるシステムを GIS という。○か×か。	平成 7 年 1 月阪神・淡路大震災を契機に、各所が持つ位置情報を共有しシステムとして統合していく流れができた。 正解 ○
検索サイトの上位に表示されるように、重要語句をタイトルに入れるなどの工夫を凝らして Web サイトを作成することを SEO 対策という。○か×か。	検索サイト（Google や Yahoo）の表示順は、そのサイト運営側の独自アルゴリズムによって決められている。そのため、すべての検索サイトで同じ順番で表示されるとは限らない。 正解 ○

用語	意味
533 ★☆☆ **VUI** 略称／語源 Voice User Interface	音声を使って操作するインターフェースのこと。GUI とあわせて使うことが多いが、スマートスピーカーなど音声だけで機能するデバイスもある。
534 ★☆☆ **ジオタグ** 略称／語源 Geotag	写真や動画、SNS の投稿などのメディアに付属的に追加することができる位置情報を示すデータのこと。
535 ★☆☆ **動画投稿サイト** 略称／語源	不特定多数の利用者が不特定多数の利用者と共有して動画を視聴できるサイトのこと。Youtube、ニコニコ動画などが有名である。
536 ★☆☆ **レスポンシブデザイン** 略称／語源 Responsive Design	Web サイトを見るときに、どのような端末でも見やすく使いやすい画面を表示できるようにするデザインのこと。

例題	解答・解説
音声だけでデバイスの操作を行うインタフェースのことをVUIという。○か×か。	iPhoneのSiriやGoogleのGoogleアシスタント、AmazonのAmazon Alexaが有名である。 正解 ○
ある画像をSNSに投稿したところ、その画像を撮影した場所を第三者に特定されてしまった。これは画像ファイルにGISといわれる位置情報を特定する情報が記録されていたからである。○か×か。	ジオタグが正しい。GISは地理情報システムのことである。SNSに画像を投稿する際には、画像に表示されている景色だけでなく、付属する情報にも気を付けて投稿する必要がある。 正解 ×
動画投稿サイトは、大容量の動画をたくさん投稿することができるので個人的に撮影した動画などを管理するのも便利である。○か×か。	個人のクラウド上で個人の動画を管理するのは原則として問題ないが、動画投稿サイトは不特定多数の人が見る恐れがあるため、個人的に撮影した動画を管理するために載せるのは危険が伴う。 正解 ×
コンピュータでアクセスしたサイトをスマートフォンで見たときに、画面が崩れて見づらくなってしまった。これはレスポンシブデザインが機能していなかった可能性がある。○か×か。	WebページをHTMLで作り、それを端末ごとに用意したCSSを用いたりすることで、どの端末でアクセスしてもページレイアウトが崩れないようにすることができる。 正解 ○

1-1　ハードウェアの5大装置

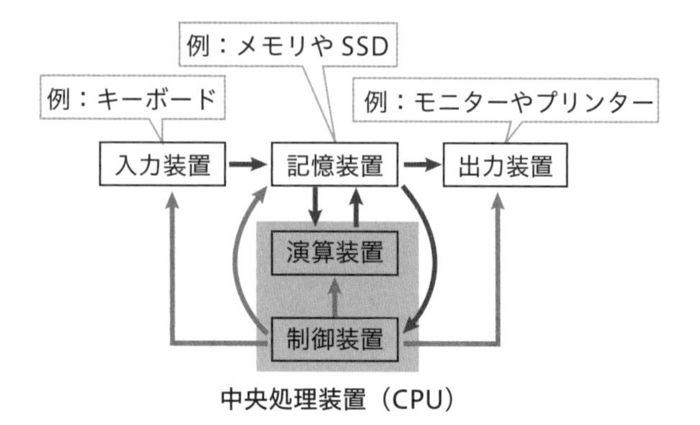

1-2　ヘッドマウントディスプレイ

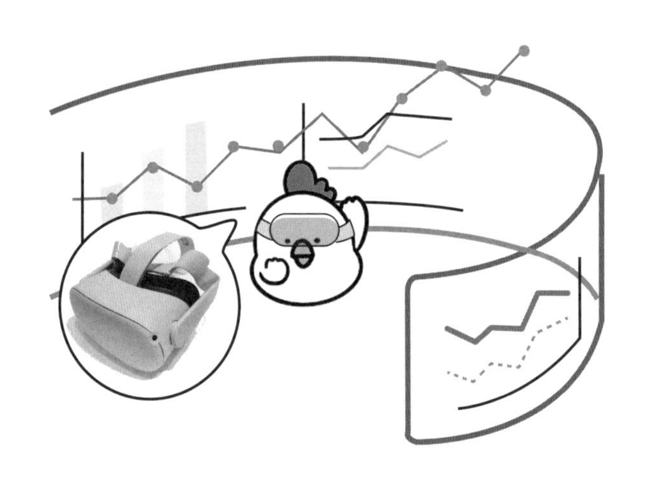

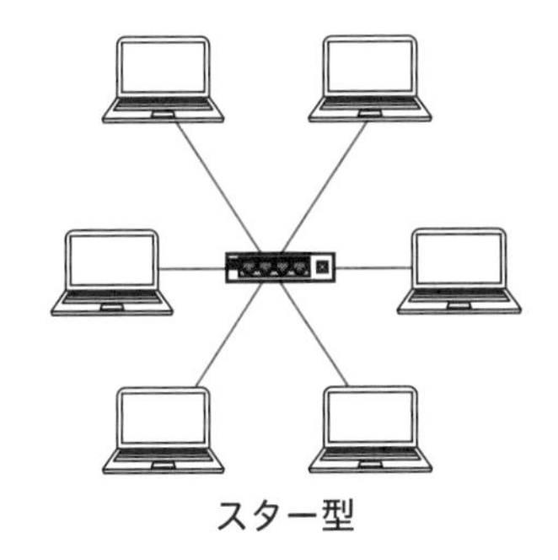

スター型

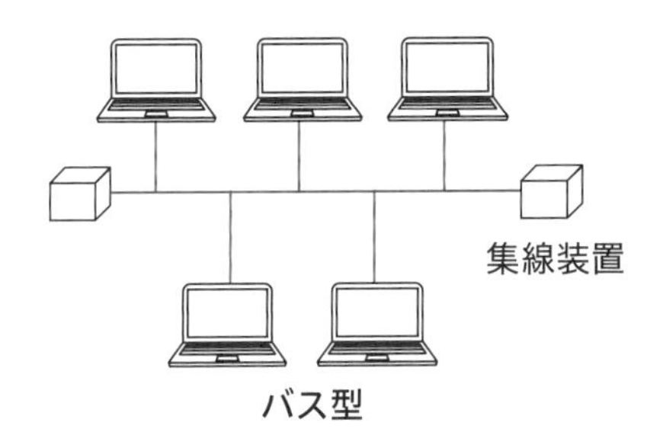

バス型

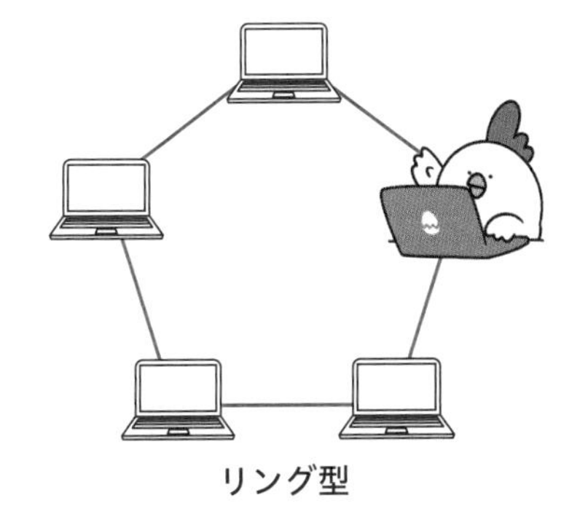

リング型

1-4　USB

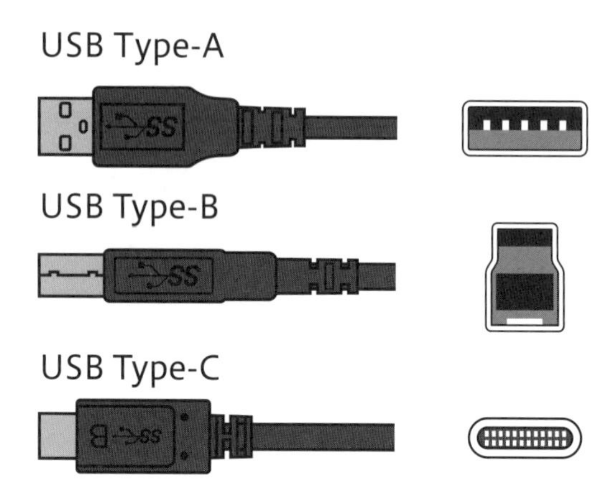

1-5　TCP/IP の階層モデル

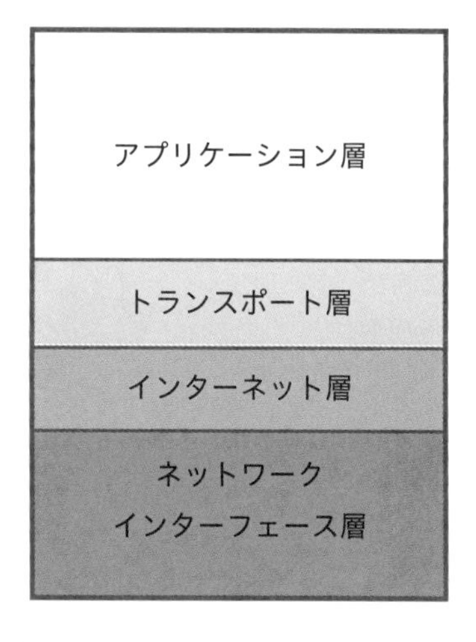

1-6　知的財産権の種類

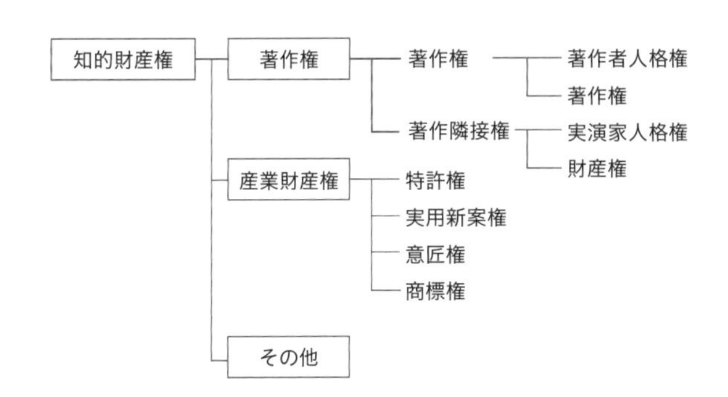

1-7　肖像権

肖像権はプライバシー（人格）権とパブリシティ（財産）権の２つで構成されている権利

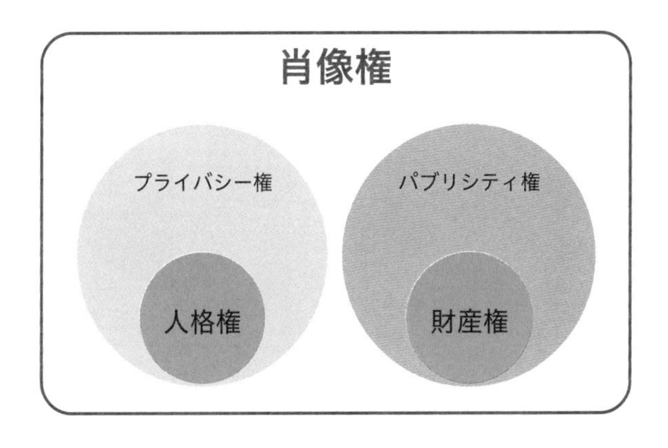

2-1　彩度　　2-2　明度

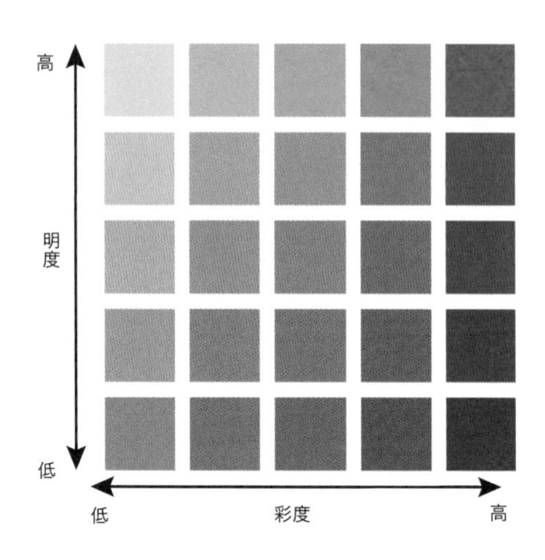

2-3　ベクタ形式　　2-4　ラスタ形式

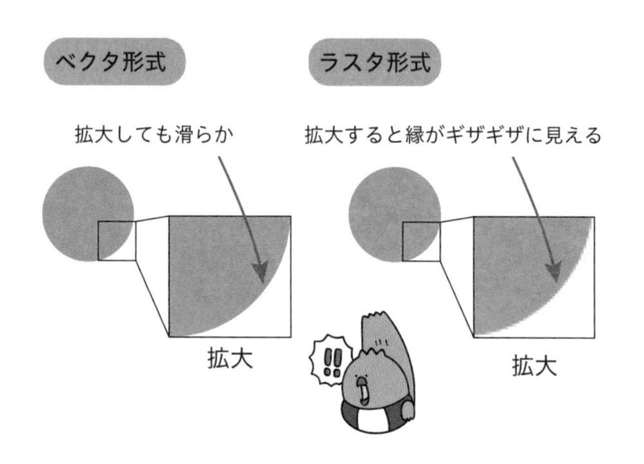

2-5　ジャギー

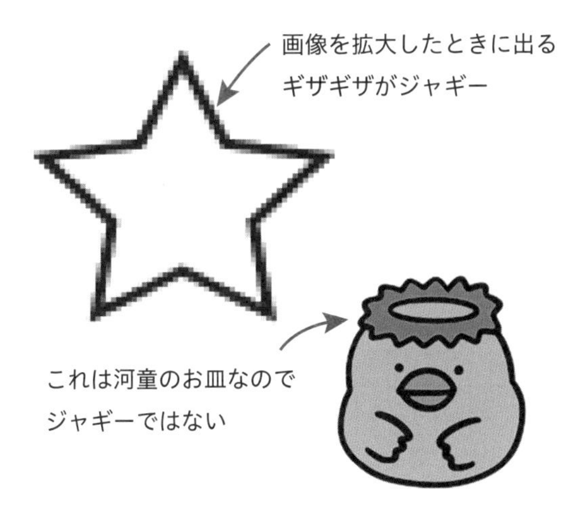

2-6　解像度

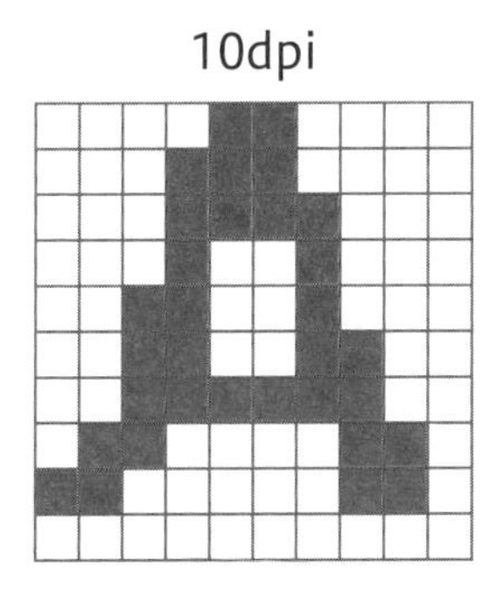

20dpi

数値が大きい方が画像が
スムーズになる

3-1　箱ひげ図

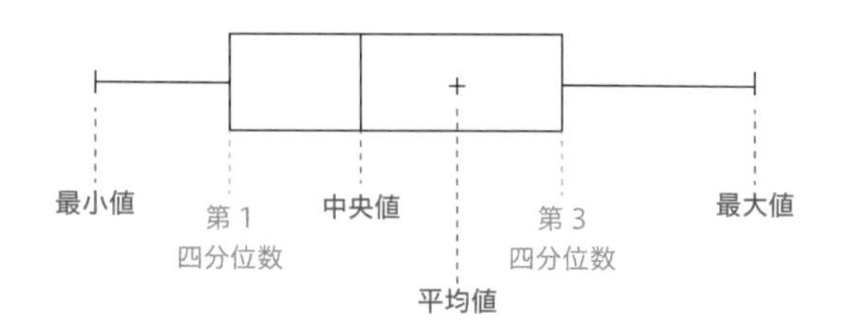

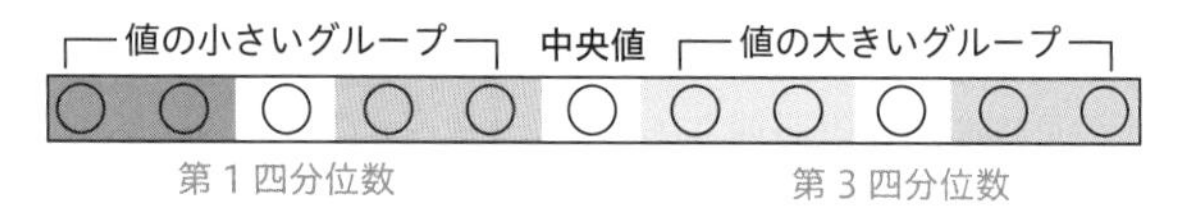

3-2　散布図

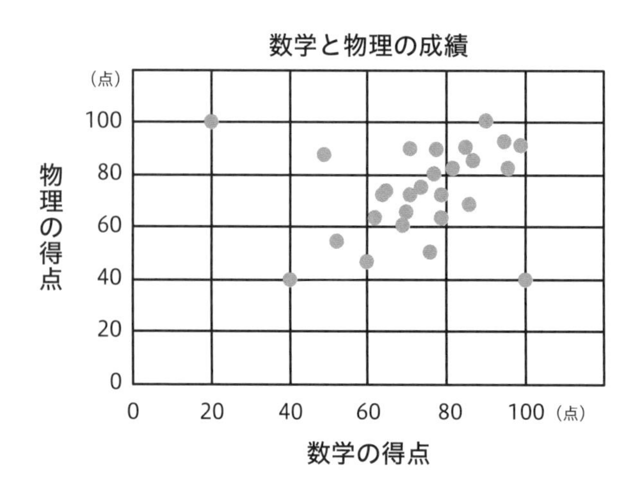

3-3 バブルチャート

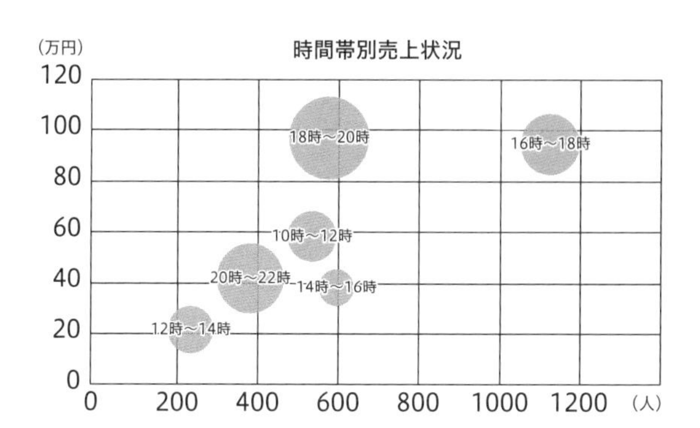

3-4 クロス集計

	人数	比率
文系選択者	300 人	60%
理系選択者	200 人	40%

クロス集計

情報１の勉強をどれくらいしましたか？	実数	比率
毎日	50 人	10%
週に５～６日	100 人	20%
週に３～４日	150 人	30%
週に１～２日	110 人	22%
まったくしない	90 人	18%

回答実数

	毎日	週に5～6日	週に3～4日	週に1～2日	まったくしなかった
全体	50 人	100 人	150 人	110 人	90 人
文系	20 人	30 人	70 人	70 人	60 人
理系	30 人	70 人	80 人	40 人	30 人

3-5　最小二乗法

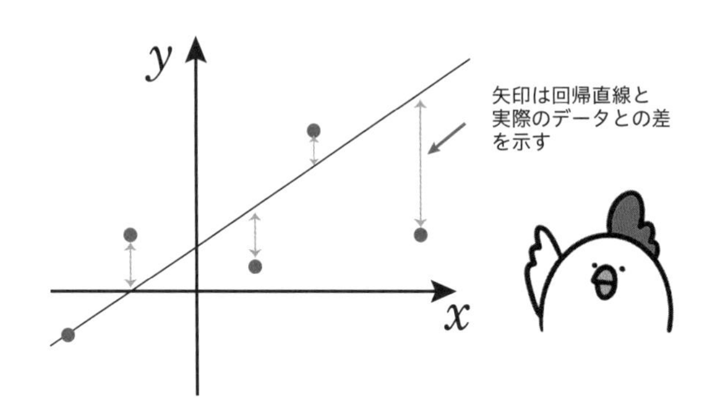

3-6　尺度水準

名義尺度	意味を区別するための数字	例：男女、血液型、郵便番号
順序尺度	順序関係を表す数字	例：英検 1 級 /2 級 /3 級… 1. 満足 2. どちらでもない 3. 不満
間隔尺度	目盛りが等間隔になっているもの	例：好感度など（0 ～ 10 まで 1 点刻みで回答）
比尺度	原点があり間隔や比率に意味がある	例：身長、速度

4-1　フローチャート

フローチャート記号

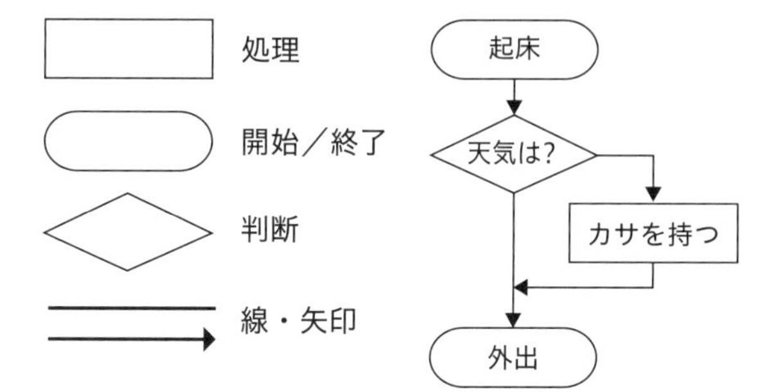

4-2　状態遷移図

録音機

初期状態

録音ボタン
(録音開始)

終了ボタン
(リセット)

録音ボタン
(一時停止)

録音開始

一時停止

録音ボタン
(録音再開)

5-1　結合

生徒一覧

学籍番号	名前	選択ソースコード
101	A	1
102	B	2
103	C	3
104	D	4

コースマスタ

選択ソースコード	コース名
1	国公立
2	理系
3	文系
4	理系

共通項目で結合

結合結果

学籍番号	名前	選択ソースコード	コース名
101	A	1	国公立
102	B	2	理系
103	C	3	文系
104	D	4	理系

5-2　バブルソート

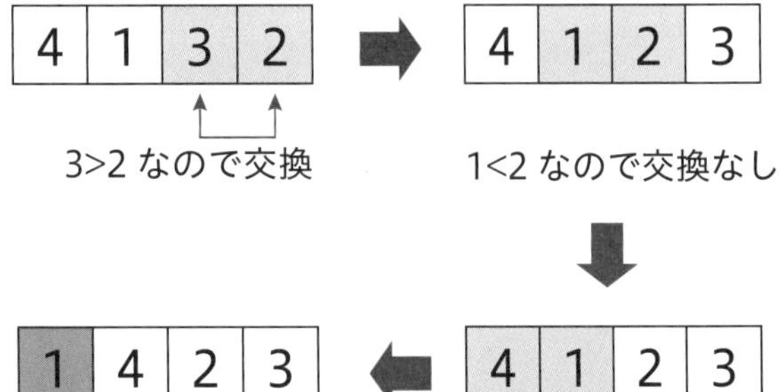

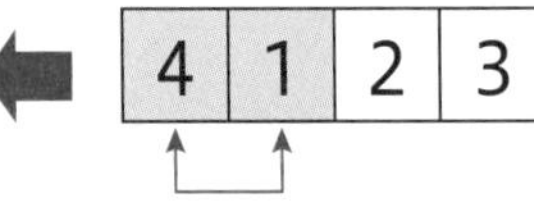

6-1　真理値表

A	B	A and B	A or B
1	1	1	1
1	0	0	1
0	1	0	1
0	0	0	0

真理値表の問題

A が 1、B が 0 のとき、

(A and B) and (A or B) の結果は、0 か 1 か答えよ。

答え．0

6-2　論理積回路（AND 回路）

A	B	A and B
1	1	1
1	0	0
0	1	0
0	0	0

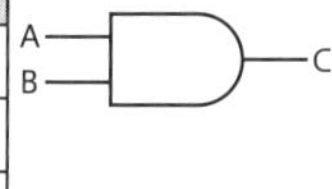

6-3　論理和回路（OR 回路）

A	B	A or B
1	1	1
1	0	1
0	1	1
0	0	0

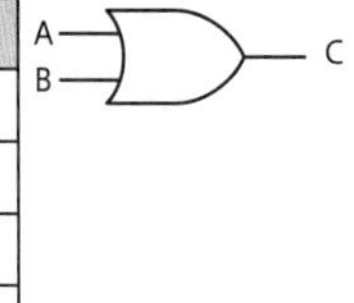

6-4　否定回路（NOT 回路）

A	NOT A
1	0
0	1

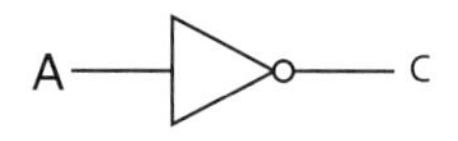

6-5　否定論理積回路（NAND 回路）

A	B	A NAND B
1	1	0
1	0	1
0	1	1
0	0	1

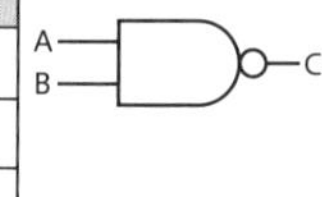

6-6　否定論理和回路（NOR 回路）

A	B	A NOR B
1	1	0
1	0	0
0	1	0
0	0	1

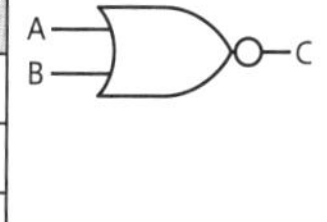

7-1 色覚バリアフリー

悪い例

良い例

文字に縁取りを付ける

読みやすさ

読みやすさ

背景と文字にはっきりした明度差をつける

読みやすさ

読みやすさ

線の太いゴシック体を使う

7-2 ピクトグラム

7-3　プライバシーマーク

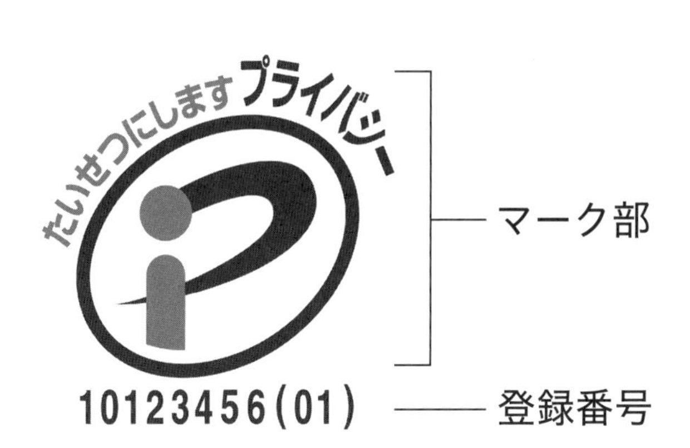

7-4　マインドマップ

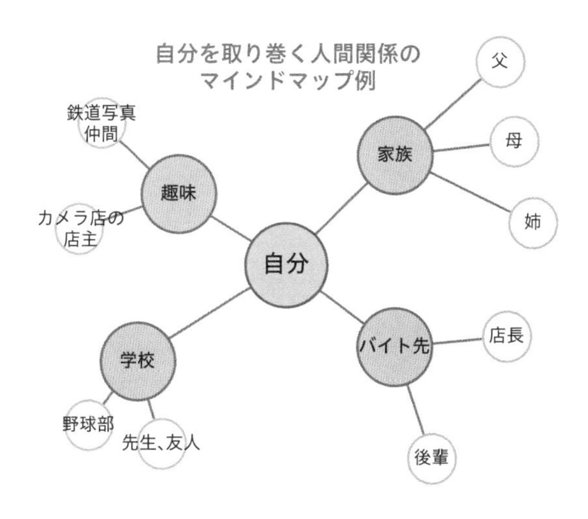

7-5　コマンドプロンプト

```
コマンド プロンプト
Microsoft Windows [Version 10.0.22621.1702]
(c) Microsoft Corporation. All rights reserved.

C:\Users\      >ping www.microsoft.com

e13678.dscb.akamaiedge.net [23.40.149.218]に ping を送信しています 32
23.40.149.218 からの応答: バイト数 =32 時間 =2ms TTL=54
23.40.149.218 からの応答: バイト数 =32 時間 =2ms TTL=54
23.40.149.218 からの応答: バイト数 =32 時間 =3ms TTL=54
23.40.149.218 からの応答: バイト数 =32 時間 =2ms TTL=54

23.40.149.218 の ping 統計:
    パケット数: 送信 = 4、受信 = 4、損失 = 0 (0% の損失)、
ラウンド トリップの概算時間 (ミリ秒):
    最小 = 2ms、最大 = 3ms、平均 = 2ms

C:\Users\      >
```

7-6　Bluetooth

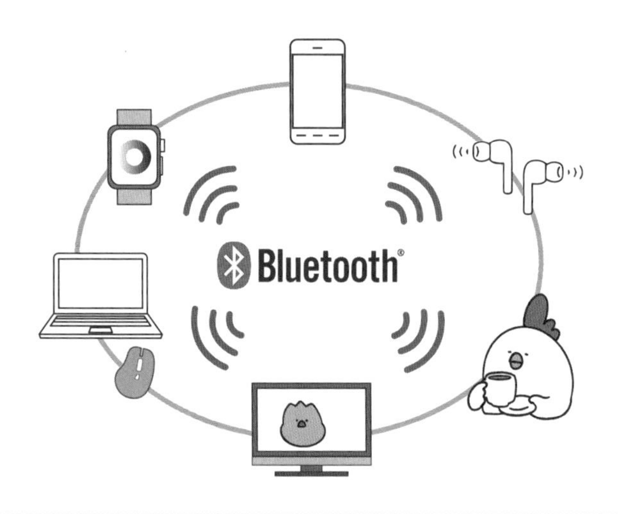

    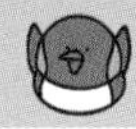  

7-7　浮動小数点数

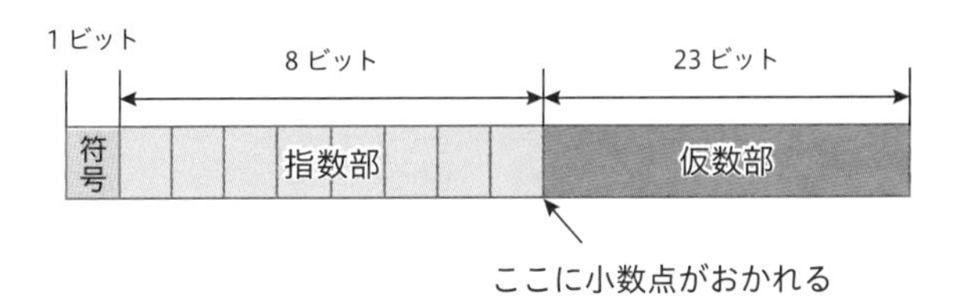

7-8　DDoS 攻撃

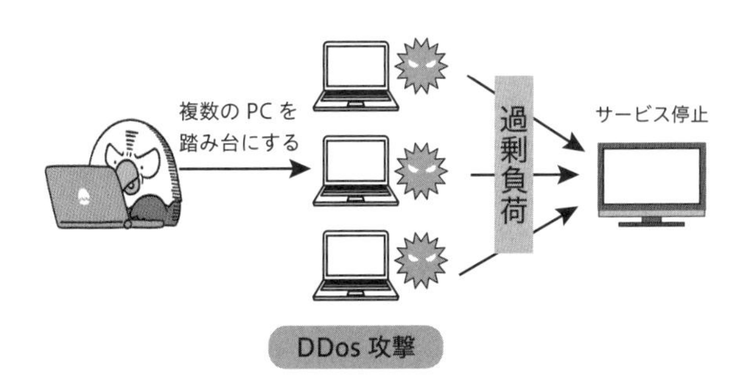

索引

著者

須田　泰大（すだ　やすひろ）

2013年青山学院大学社会情報学部社会情報学科卒業。横浜市立高校、慶應義塾普通部数学科教諭を経て、2023年度より青山学院高等部教諭として数学と情報の授業を担当。青山学院高等部ICT委員会主任として、ICT機器導入の提言などを行っている。2017年からは教科書の著作・編集委員として、教科書の編集にも携わる。

編者

濵口 拡輝（はまぐちひろき）

東京学芸大学大学院教育学研究科修了（教育学）。主に、ペン入力機器におけるUI技術の向上と教育利用に関する研究と実践を行う。都立高校数学科を経た後、現在は青山学院中等部技術科に従事する。数学やアート、プログラミングを積極的に取り入れた教育実践およびSTEAM教育に興味を持つ。特技はものづくりとプログラミング。顧問を務めるマイコン部と制作したクレーンゲームは、ものづくりとプログラミングを融合した企画で文化祭において好評を博す。

でぶどりのパラパラ漫画！

ページをめくると、でぶどりが進むよ
でぶどりと一緒にゴールを目指そう！

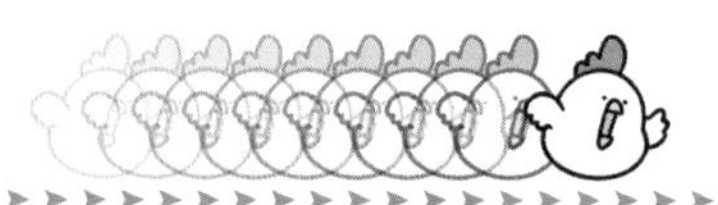

表紙・イラスト

橋本ナオキ 『毎日でぶどり』

大阪市出身。関西学院大学卒業。
東京にて IT 関連の会社に就職したのちイラストの活動を開始。
2018 年 1 月 1 日から漫画「毎日でぶどり」を描き始める。
著書「会社員でぶどり」シリーズ（1 ～ 9 巻）

「毎日でぶどり」について

「毎日でぶどり」とは、2018 年 1 月 1 日から Instagram・X 等へ投稿している漫画です。
できることなら毎日ダラダラしていたい先輩ニワトリの「でぶどり」と意識高い系後輩ヒヨコの「ひよ」が主人公…主鳥公？メインキャラクターです。

「毎日でぶどり」公式サイト
https://everyday-debudori.blog.jp/

キャラクター紹介

でぶどり
できればずっと寝ていたいニワトリ
ひよの先輩

ひよ
でぶどりの後輩。でぶどりにきついことを
言うときもあるがなんだかんだで仲良し

ジャック

ピノ

パロ

ポリー

カッパ

CQゼミシリーズ
教科書から最新IT用語まで！
情報Ⅰ用語集500

2024年4月15日　初版発行

著　者　須田 泰大　　編 者　濱口 拡輝
発行人　櫻田 洋一
発行所　CQ出版株式会社
東京都文京区千石4-29-14（〒112-8619）
電話　販売　03-5395-2141
　　　編集　03-5395-2122

漫画・イラスト　橋本ナオキ「毎日でぶどり」©2024 Naoki Hashimoto

編集担当　及川 真弓 / 野村 英樹

デザイン・DTP　原田奈美
印刷・製本　三共グラフィック株式会社
乱丁・落丁本はご面倒でも小社宛お送りください．送料小社負担にてお取り替えいたします．
定価はカバーに表示してあります．
ISBN978-4-7898-5106-0
Printed in Japan